国家自然科学基金面上项目(51574009、51774014
安徽省经济与信息化委员会企业发展专项资金资
煤矿安全高效开采省部共建教育部重点实验室资

U0348420

淮南矿区关键保护层瓦斯预抽钻孔新技术

戴广龙　秦汝祥　周　亮　唐明云　李点尚　翟艳鹏　著

中国矿业大学出版社

内 容 提 要

瓦斯灾害是煤矿安全生产的主要灾害,严重威胁着工人的生命安全,制约着煤矿生产。钻孔抽采瓦斯是实现煤与瓦斯突出煤层安全开采的前提和保证。淮南矿区煤层基本是煤层群赋存,随着开采深度的增加,绝大部分煤层已经进入煤与瓦斯突出危险区,主要采用关键保护层开采进行消除煤与瓦斯突出危险,而关键保护层本身也是煤与瓦斯突出煤层。关键保护层穿层钻孔和顺层钻孔预抽采瓦斯技术在很大程度上制约预抽效果。本书在分析淮南矿区钻孔抽采瓦斯影响因素的基础上,从钻孔抽采瓦斯封孔方法和参数、预抽钻孔有效抽采半径、抽采负压、抽采瓦斯煤岩气固耦合、底板穿层钻孔布置、顺层抽采钻孔护孔技术等方面进行理论与试验研究,其研究成果在淮南矿区潘三煤矿、谢桥煤矿、顾桥煤矿、丁集煤矿、朱集煤矿、顾北煤矿等得到推广应用。

本书可作为煤矿工程技术人员的重要参考书,也可供高等院校和科研单位的科技人员学习和参考。

图书在版编目(CIP)数据

淮南矿区关键保护层瓦斯预抽钻孔新技术 / 戴广龙等
著.—徐州:中国矿业大学出版社,2018.9
ISBN 978 - 7 - 5646 - 4149 - 8

Ⅰ.①淮… Ⅱ.①戴… Ⅲ.①煤矿-瓦斯抽放-研究
—淮南 Ⅳ.①TD712

中国版本图书馆 CIP 数据核字(2018)第 224350 号

书　　名	淮南矿区关键保护层瓦斯预抽钻孔新技术
著　　者	戴广龙　秦汝祥　周　亮　唐明云　李点尚　翟艳鹏
责任编辑	李　敬
出版发行	中国矿业大学出版社有限责任公司
	（江苏省徐州市解放南路　邮编 221008）
营销热线	(0516)83884103　83885105
出版服务	(0516)83995789　83884920
网　　址	http://www.cumtp.com　E-mail:cumtpvip@cumtp.com
印　　刷	徐州中矿大印发科技有限公司
开　　本	787×1092　1/16　印张 11　字数 281 千字
版次印次	2018 年 9 月第 1 版　2018 年 9 月第 1 次印刷
定　　价	32.00 元

（图书出现印装质量问题,本社负责调换）

前　言

　　淮南矿区开采煤层是煤层群赋存,随着开采深度的增加,绝大部分煤层已经进入煤与瓦斯突出危险区,主要采用关键保护层开采进行消突,而关键保护层本身也是煤与瓦斯突出煤层。在突出危险性低的煤层布置顶(底)板岩巷,采用穿层钻孔预抽区域条带瓦斯消除煤与瓦斯突出危险,然后再进行保护层顺层钻孔预抽瓦斯,达到消除煤与瓦斯突出危险后方可开采,在开采过程中,结合穿层钻孔和(或)地面钻孔等立体抽采方式,抽采被保护层瓦斯。关键保护层穿层钻孔和顺层钻孔抽采瓦斯技术在很大程度上制约预抽效果,为此淮南矿区关键保护层瓦斯抽采钻孔新技术研究对淮南矿区安全开采有着重要意义。

　　关键保护层瓦斯预抽钻孔高效抽采瓦斯涉及钻孔封孔理论和钻孔抽采瓦斯时钻孔周围煤体瓦斯流场分布两个方面的问题,具体到工程问题,需要解决钻孔抽采瓦斯影响因素、钻孔抽采瓦斯封孔方法及其封孔参数、钻孔抽采瓦斯有效半径、抽采负压、抽采瓦斯煤岩气固耦合、穿层钻孔布置、顺层钻孔护孔套管等技术。为解决相关理论和工程技术问题,淮南矿区潘三、谢桥、顾桥、丁集、朱集、顾北等煤矿开展了理论分析和试验研究,并进行现场考察和推广应用。

　　全书共7章。第1章绪论,研究背景、关键保护层煤层基本特征及抽采瓦斯的影响因素;第2章研究瓦斯预抽钻孔的封孔方法和合理封孔参数;第3章提出预抽钻孔抽采瓦斯有效半径和相应的测算方法,研究淮南矿区的关键保护层预抽钻孔的有效抽采半径;第4章采用统计分析、理论分析和现场考察相结合的方法,探讨钻孔抽采负压;第5章建立预抽钻孔抽采瓦斯的煤与瓦斯气-固耦合模型,实现相应的数值模拟计算;第6章结合钻孔有效抽采半径,从钻孔施工工程量、钻孔抽采瓦斯浓度和钻孔之间相对抽采率较低的区域面积大小等方面研究穿层钻孔布置方式;第7章从理论分析和现场考察两个方面,探讨了顺层预抽钻孔护孔技术和使用条件。

　　本书的研究成果是研究团队共同努力的结果,参与研究的成员有李平、张纯如、杨应迪、唐明云、李尧斌、周亮、张文清、张锤金、张继兵、李应辉、陈建、王永保、丰安祥、何勇等,他们在现场试验、实验室实验以及测试结果分析中付出了艰辛的劳动,在此向他们表示衷心的感谢!

　　本书得到了国家自然科学基金面上项目(51574009、51774014、51874007)、安徽省经济与信息化委员会企业发展专项资金和煤矿安全高效开采省部共建教育部重点实验室的资助,在此表示感谢!在本书出版过程中,中国矿业大学出版社给予了大力支持,在此一并表示感谢!

著　者

2018 年 6 月 4 日

目　录

1 淮南矿区关键保护煤层特征及钻孔抽采瓦斯

1.1 研究背景

我国煤矿均为有瓦斯涌出的矿井,全国煤矿的年瓦斯涌出量在 10 Gm³ 以上,国有重点煤矿中,高瓦斯和突出矿井占 49.5%。我国煤矿事故发生频繁,死亡人数仍然较高,2016 年,煤矿发生事故 249 起,死亡 538 人,其中瓦斯事故 13 起,死亡 170 人;一次死亡10 人以上事故 8 起,其中瓦斯事故 7 起,可以看出瓦斯事故在我国煤矿生产中仍是相当严重的灾害。瓦斯事故主要以煤与瓦斯突出和瓦斯爆炸两种形式造成的事故后果最为严重。随着瓦斯灾害的防治理念与技术水平的提高,越来越多的管理与科研人员认识到抽采瓦斯,从源头消除瓦斯灾害的发生条件是有效的治本之策。

经历几十年的发展,我国在瓦斯抽采技术方面也有了长足的提高与发展,总体来看,我国瓦斯抽采经历了四个阶段:20 世纪 50 年代初期,以抚顺矿区为典型代表的高透气性煤层抽放阶段;50 年代末,以阳泉为典型代表的穿层钻孔抽放邻近层瓦斯阶段;70 年代开始,低透气性煤层强化抽放瓦斯阶段;80 年代开始,因综合机械化和放顶煤工艺的推广,工作面瓦斯涌出量大幅增加而采用的综合抽放阶段,期间,形成了丰富的科研成果,在一定的时期内为煤矿安全生产提供了重要技术保障。

近十几年来,随着人们对煤矿瓦斯的进一步认识,瓦斯治理已经从抽放上升为瓦斯抽采,变废为宝,将瓦斯资源加以充分利用,为实现瓦斯资源的安全高效应用,抽采的瓦斯必须具有一定的浓度值。与此同时,随着煤矿开采深度的增加,煤层的赋存特征、透气性系数、煤层瓦斯含量和瓦斯压力均出现了显著的变化,实现瓦斯高效抽采需要进一步解决钻孔抽采高浓度瓦斯方面的技术支撑与保障。

钻孔预抽采瓦斯是实现煤与瓦斯突出煤层安全开采的前提和保证,采用保护层开采结合钻孔预抽煤层瓦斯是淮南矿区煤与瓦斯突出煤层开采最有效的瓦斯治理技术。在煤与瓦斯突出危险性低的薄煤层布置顶(底)板岩巷,采用穿层钻孔预抽区域条带煤层瓦斯进行消突后,才开始掘进采煤工作面上(下)平巷,然后再进行保护层采煤工作面顺层钻孔预抽达到消除突出危险后方可开采,在开采过程中,结合穿层钻孔和(或)地面钻孔等立体抽采方式,抽采被保护层瓦斯。

目前淮南矿区钻孔施工工程量大,钻孔施工投入成本高。图 1-1-1 是淮南勘探工程处2010 年至 2017 年钻孔工程量(不包含各矿自己施工钻孔),无论是煤孔还是岩孔,每年钻孔量均非常大,2013 年岩孔量甚至高达 430 万 m。开采万吨煤约需施工 1 000 m 钻孔,包括各矿自己独立施工的钻孔,淮南矿业(集团)有限责任公司每年施工约 650 万 m 的钻孔,相应的吨煤治理瓦斯费用约需 50 元。但是,在目前的钻孔高成本投入下,钻孔抽采瓦斯效果尚不理想,主要体现在顺层钻孔有效抽采瓦斯时间短、抽采瓦斯浓度不高,穿层钻孔有效抽采瓦斯段过短、单孔瓦斯流量小等问题,出现较高的钻孔施工投入与低下的瓦斯治理成效不相符。

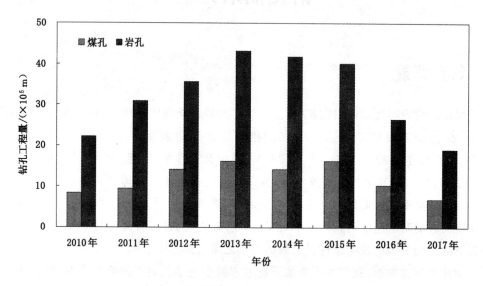

图 1-1-1　淮南勘探工程处近年钻孔工程量

无论是保护层开采还是预抽煤层瓦斯,钻孔在突出煤层消突中都有着重要的地位。目前钻孔预抽瓦斯技术方面仍有很多技术难题有待解决,包括高地应力、高瓦斯、低透气性煤层钻孔的成孔难,钻孔封孔质量不高,封孔后抽采瓦斯浓度低、抽采量小等实际问题。这些问题暴露了钻孔预抽瓦斯方面很多基础问题未能得到清楚的认识,对成孔与封孔的技术和方法未能完全掌握。因此,加强钻孔预抽技术的研究对解决煤矿瓦斯问题意义重大。为进一步提高瓦斯预抽效果,充分发挥钻孔工程效益,解决这一问题已到了刻不容缓的地步。

淮南矿区的特点是深井复杂地质条件下高瓦斯煤层开采,在淮南矿区开展关键保护层瓦斯预抽钻孔新技术研究,其研究条件具有代表性,研究成果可推广应用。

1.2　煤层赋存特征

淮南矿区煤层赋存为高瓦斯煤层群,包含 9～18 层可采煤层,煤层赋存条件极为复杂,关键保护煤层主要是 6 煤、9 煤和 11 煤,其煤层特征如表 1-2-1 所列。煤厚的变化情况相对差不多,除顾北 6 煤较厚之外,其他基本都在 2 m 左右。煤层倾角均较小,是近水平煤层和缓倾斜煤层。关键保护煤层顶底板情况如图 1-2-1～图 1-2-3 所示。6 煤和 11 煤的顶底板均存在较厚的泥岩段,为穿层钻孔的密封提供了有利的条件。

表 1-2-1　试验地点煤层特征

矿井	煤层	试验地点	埋深/m	煤厚/m		倾角/(°)	
				范围	平均	范围	平均
张集	9煤	9-1煤层,9-2煤层	-596~-849.5	/	1.7	2~8	4
谢桥	6煤	13516上平巷和21216底抽巷	13516上平巷:-681.1~-741.2; 21216底抽巷:-844.5~-864.8	0~6.75	2.91	10~14	13
顾北	6煤	南翼8-6-2采区6-2煤底板矸石胶带机巷和南翼8-6-2采区煤层回风巷,13126胶带机平巷回风巷	-648~-705	0.57~5.87	3.93	3~8	5
顾桥	11煤	顾桥中央区1125(1)运输平巷底板巷	-774.15~-938.4	1.4~5.1	2.9	1~8	2
潘三	11煤	东一二水平11-2煤岩石回风巷,17102(1)运输平巷,1662(1)运输平巷,2121(1)运输平巷瓦斯底板综合治理巷	-732.8~-774.6	0~3.5	1.7	4~9	7
张集	11煤	1414(1)运输平巷,1313(1)运输平巷底抽巷,1422(1)运输平巷底抽巷	-704~-709	0.8~3.4	2.6	2~10	4
朱集东	11煤	西翼1222(1)上平巷顶板巷	-912.5~-931.5	1.2~1.5	1.3	1~6	3
丁集	11煤	11-2煤层	-830~-930	1.6~3.2	2.6	0~15	/

层厚/m	柱状	岩性描述
$\frac{0\sim1.01}{0.5}$		6-2煤：黑色，块状，煤质稀差
$\frac{0.92\sim3.2}{2.7}$		泥岩：青灰色，泥质结构，块状结构，平坦状断口，具滑面，富含植物化石碎片
$\frac{0\sim4.07}{1.5}$		细砂岩：深灰色，沿层面见白云母屑，含根化石及痕根托，具滑面，向下粒渐粗，偶见裂隙
$\frac{1.71\sim5.45}{2.5}$		6-1煤：黑色，块状，半暗型煤，以亮煤为主，暗煤及镜煤次之，油脂光泽，条痕黑色
$\frac{0.8\sim11.33}{4.16}$		泥岩：深灰～黑灰色，致密，具隐水平层理，偶见有根化石，局部发育一层煤线，厚0～0.68 m
$\frac{5.2\sim9.8}{7.2}$		砂泥岩互层：灰色，层面含云母片，局部含菱铁质，水平层理
$\frac{1.0\sim7.2}{2.9}$		泥岩：深灰色，块状，富含植物化石碎片
$\frac{2.0\sim7.8}{4.88}$		中砂岩：深灰色，下部富含泥质包体，局部含菱铁质，硅泥质胶结
$\frac{0.93\sim3.0}{1.76}$		砂质泥岩：浅灰～深灰色，含菱铁质微带褐色，断续出现，垂直层面裂隙发育，有钙质充填
$\frac{0.7\sim1.52}{1.36}$		5煤：黑色，强沥青光泽，条痕棕黑色，粉末状，半暗型
$\frac{3.4\sim6.24}{5.1}$		粉砂岩：深灰色，粉砂质结构，平坦状断口，含炭屑，富含植物化石碎片
$\frac{1.5\sim2.61}{2.09}$		砂质泥岩：灰色，砂泥质结构，含砂量不均，平坦一参差状断口和贝壳状断口，性脆，易碎
$\frac{1.98\sim4.06}{3.0}$		4-2煤：黑色，上部粉末状，下部碎块状，弱玻璃光泽，条痕棕黑色，属半暗型煤
$\frac{0\sim0.6}{0.5}$		砂质泥岩：灰褐色，含根化石，贝壳状断口，局部地段尖灭
$\frac{0\sim1.24}{0.6}$		
$\frac{1.74\sim7.45}{4.4}$		4-1煤：黑色，炭质结构，亮煤为主，次为镜煤，暗煤，含少量泥质成分，见大量擦痕，煤质硬，性脆，煤芯呈柱状，属于半亮型煤
$\frac{8.4\sim15.5}{12.14}$		泥岩：浅灰色，泥质结构，块状构造，平坦状断口，局部含铝土质，富含植物化石碎片
		砂泥岩互层：灰及黑色，薄层状，含大量植物化石，栉羊齿，具水平及微波状水平层理，偶见细砂包体
$\frac{0\sim3.3}{2.0}$		铝质泥岩：浅灰白色，泥质结构，块状构造，平坦状断口，手摸有细腻滑感，见少量滑面，富含菱铁质鲕粒
$\frac{1.9\sim6.5}{4.2}$		细砂岩：灰白色，细粒砂质结构，半坚硬，成分以石英为主，次为长石，余为其他暗色矿物，泥硅质胶结，次圆～次棱角状，分选型差
$\frac{0\sim6.1}{4.0}$		泥岩：灰色～浅灰色，泥质结构，块状构造，平坦状断口，手摸有细腻滑感，具滑面，局部含菱铁质
$\frac{8.3\sim24.2}{18.2}$		粉细砂岩互层：浅灰色，细粒砂质结构，成分以石英为主，次为长石，余为其他暗色矿物，泥硅质胶结，夹菱铁质及黄铁矿结核。局部不规则裂隙发育，裂隙面含黄铁矿薄膜，裂隙被方解石充填
$\frac{5.4\sim11.1}{8.0}$		砂质泥岩：浅灰～深灰色，泥质结构，断口平坦，具滑面，含少量植物化石碎片
$\frac{7.4\sim8.3}{7.9}$		砂泥岩互层：砂岩为浅灰色，上部颗粒较大，泥岩为灰色，呈斜层理微波状透镜状层理，层面含较多白云母片
$\frac{4.7\sim8.4}{7.0}$		中砂岩：灰白色，中粒砂质结构，半坚硬，成分以石英为主，次为长石，余为其他暗色矿物，泥硅质胶结，次圆～次棱角状，分选性差
$\frac{2.9\sim9.3}{4.0}$		砂质泥岩：深灰～黑灰色，局部含砂量较高，层面含较多白云母屑，具隐水平层理
$\frac{8.63\sim20.64}{14.6}$		细砂岩：灰色，成分为石英，长石，富含泥质包体，呈混浊层理（局部水平层理），层面含较多云母屑
$\frac{3.83\sim4.84}{4.33}$		1煤：黑色，上部为块状，以暗煤为主，夹镜煤屑，中部粉末状，弱玻璃光泽，下部为块状，上、下部煤质差

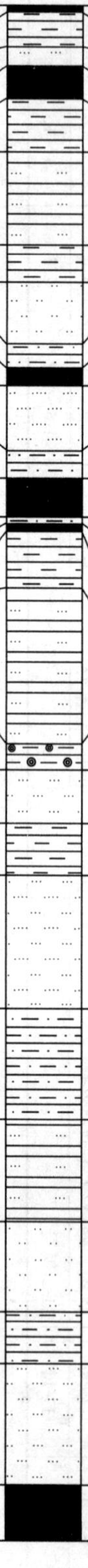

图 1-2-1　谢桥矿6煤层柱状图

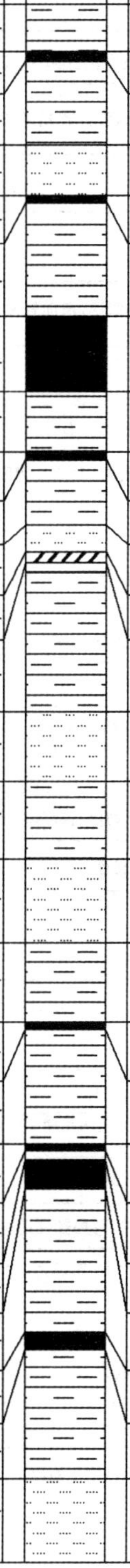

层厚 /m	柱状图	岩石名称	岩性描述
7.70～34.22 / 20.61		泥岩	深灰色，泥质结构，块状，含植物根部化石
0.29～0.50 / 0.39		煤	黑色，粉末～碎块状，条带结构
4.35～5.86 / 5.15		泥岩	深灰色，薄层状～块状，含炭质及较多植物根部化石
1.65～1.65 / 1.65		细砂岩	灰白色，细粒结构，块状
0～0.62 / 0.31		煤	黑色，粉末～碎块状，条带结构，层状构造
7.08～14.28 / 15.68		泥岩	灰色，泥质，块状，含较多植物叶片化石
4.25～4.65 / 4.45		13-1煤	黑色，块状，条带状结构，主要由暗煤组成，稍含镜煤，半暗型煤
1.08～5.92 / 3.00		泥岩	灰色，泥质，块状，含较多植物叶片化石
0.30～0.44 / 0.37		煤	黑色，粉末～碎块状，条带结构，暗煤为主
0～0.80 / 0.40		泥岩	灰色，泥质，块状，含较多植物叶片化石
0～1.50 / 0.75		细砂岩	浅灰白色，细粒结构，块状
0～0.32 / 0.16		炭质泥岩	灰～灰黑色，粉末～碎块状，条带结构
9.75～14.63 / 12.19		泥岩	灰色，泥质，块状，局部发育有红褐色花斑
2.90～6.85 / 4.87		细砂岩	浅灰白色，块状，致密，坚硬
4.70～16.50 / 10.60		泥岩	深灰色，块状，岩性较破碎
0～4.35 / 2.17		粉砂岩	浅灰色，块状，致密，坚硬
0～45.10 / 22.55		泥岩	深灰色，块状，中部发育有1～2条不稳定的煤线
0～0.30 / 0.15		煤线	黑色，块状
2.50～5.85 / 4.90		泥岩	灰～深灰色，块状为主，泥质结构
0～0.20 / 0.10		煤线	黑色，块状
0～0.10 / 0.10		泥岩	灰～深灰色，块状为主，泥质结构
1.1～1.8 / 1.4		11-2煤	黑色，末～块状，条带状结构，玻璃光泽，主要由亮煤组成，稍含暗煤，半亮型煤
0～7.57 / 6.22		泥岩	灰～深灰色，块状为主，泥质结构
0.70～0.90 / 0.80		11-1煤	黑色，粉末状
0～12.85 / 6.42		泥岩	灰～深灰色，块状，局部含岩质
0～23.30 / 11.65		粉砂岩	灰色，粉砂质结构，块状～碎块状，含泥质

图 1-2-2　朱集东矿西翼 11 煤层柱状示意图

地层单位		层 厚 /m	柱 状 (1:200)	岩 性 描 述
系	组			
二 叠 系	上 石 盒 子 组	$\dfrac{2.8\sim6.2}{4.6}$	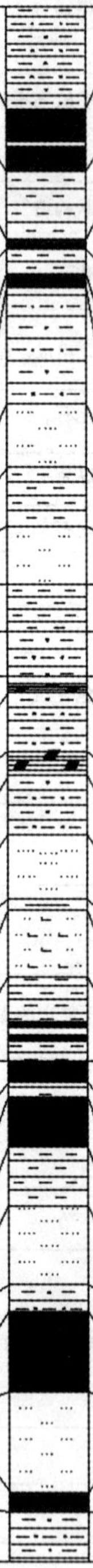	砂质泥岩:灰色,砂质泥状结构,块状构造,局部见植物化石碎片,断口平坦
		$\dfrac{2.5\sim3.2}{2.8}$		11-2煤:黑色,粒状、粉末状,以暗煤为主,含少量亮煤,沥青光泽,半暗型煤
		$\dfrac{1.8\sim4.6}{3.1}$		泥岩:灰~浅灰色,泥质结构,含植物化石碎片
		$\dfrac{0.3\sim0.6}{0.4}$		煤线:黑色,粉末状、碎块状为主,煤质差
		$\dfrac{0.8\sim1.3}{1.1}$		泥岩:灰色,泥质结构,局部含少量粉砂,局部富含菱铁质,滑面较发育
		$\dfrac{0.3\sim0.8}{0.6}$		11-1煤层:黑色,粉末状、碎块状为主
		$\dfrac{5.4\sim9.6}{7.1}$		砂质泥岩:灰色,砂质泥状结构,块状构造,局部见植物化石碎片,断口平坦
		$\dfrac{2.2\sim3.6}{3.0}$		粉砂岩:灰白色,以粉粒结构为主,整层垂直状裂隙发育,局部夹薄层炭质泥岩
		$\dfrac{2.1\sim4.6}{3.9}$		泥岩:灰色,泥质结构,块状构造,断口平坦
		$\dfrac{5.9\sim10.6}{8.1}$		细砂岩:灰白色,细粒结构为主,局部含较多的粉粒成分
		$\dfrac{1.5\sim3.6}{2.2}$		泥岩:灰黑色,泥状结构,块状构造,局部见植物化石碎片
		$\dfrac{3.2\sim6.2}{4.8}$		砂质泥岩:灰色,砂质泥状结构,块状构造,局部见植物化石碎片,断口平坦
		$\dfrac{0.2\sim0.7}{0.4}$		炭质泥岩:黑色,薄层状、粉末状
		$\dfrac{2.9\sim6.1}{4.8}$		砂质泥岩:灰色,砂质泥状结构,块状构造,局部见植物化石碎片,断口平坦
		$\dfrac{0\sim1.0}{0.6}$		炭质泥岩:黑色,薄层状、粉末状
		$\dfrac{1.6\sim4.2}{2.9}$		砂质泥岩:灰色,砂质泥状结构,块状构造,局部见植物化石碎片,断口平坦
		$\dfrac{1.3\sim5.4}{3.7}$		粉砂岩:灰白色,以粉粒结构为主,整层垂直状裂隙发育
		$\dfrac{0\sim0.8}{0.5}$		泥岩:灰色,泥状结构,块状构造,断口平坦
		$\dfrac{3.0\sim4.8}{3.8}$		石英砂岩:灰白色,中粒结构为主,局部含较多的细粒成分
		$\dfrac{2.5\sim4.9}{4.0}$		灰色,泥质结构,局部含植物化石碎片,中间发育1~2层不稳定的煤线,单层厚约0.2m
	下 石 盒 子 组	$\dfrac{0.8\sim1.0}{0.9}$		9-2煤:黑色粉末状,少量碎块状,半亮~半暗型煤
		$\dfrac{0.7\sim1.6}{0.7}$		泥岩:灰黑色,泥状结构,块状构造,局部见植物化石碎片
		$\dfrac{1.3\sim1.9}{1.7}$		9-1煤:黑色,以块状为主,局部为粉末状、鳞片状,弱玻璃光泽。半暗~半亮型。局部含薄层夹矸
		$\dfrac{0.6\sim6.0}{3.8}$		泥岩:灰黑色,泥状结构,块状构造,局部见植物化石碎片
		$\dfrac{3.6\sim6.5}{5.2}$		粉砂岩:灰白色,以粉粒结构为主,整层垂直状裂隙发育,局部夹薄层炭质泥岩
		$\dfrac{0\sim2.0}{1.3}$		砂质泥岩:灰色,砂质泥状结构,块状构造,局部见植物化石碎片,断口平坦
		$\dfrac{3.2\sim4.3}{3.6}$		8煤:黑色,块状,半亮~半暗型煤
		$\dfrac{8.9\sim12.5}{11.3}$		细砂岩:灰白色,细粒结构为主,局部含较多的粉粒成分
		$\dfrac{0.6\sim1.7}{0.9}$		7-2煤:黑色,粉末状,半亮~半暗型煤
		$\dfrac{4.2\sim6.9}{5.9}$		砂质泥岩:灰色,砂质泥状结构,块状构造,局部见植物化石碎片,断口平坦

图 1-2-3　张集矿 9-1 煤层顶底板岩性综合柱状图

1.3　关键保护煤层瓦斯基础参数

淮南矿区煤层瓦斯含量高达 $12\sim36$ m³/t,瓦斯压力高达 6.2 MPa,而煤体松软,坚固性系数 f 为 $0.2\sim0.8$,透气性低,渗透率仅为 0.001 mD,11 煤层、6 煤层和 9 煤层是矿区的关键保护层。目前淮南矿区大部分矿井开采深度已达 $-700\sim-1\ 000$ m,且正以每年 $20\sim25$ m 的速度增加,瓦斯含量及瓦斯涌出量明显增大,煤与瓦斯突出的危险性日趋严重,淮南矿业(集团)有限责任公司的 9 对生产矿井全部为煤与瓦斯突出矿井。关键保护煤层的瓦斯基础参数如表 1-3-1 所列。关键保护煤层瓦斯压力和瓦斯含量变化范围较大,煤层瓦斯分布具有很强的不均性。透气性系数差异也较大,大部分是低透气性煤层,煤层瓦斯解吸较困难。

1.4　钻孔瓦斯抽采

1.4.1　抽采钻孔布置

抽采钻孔施工钻机主要采用 ZDY-3200S 和 ZDY-4000S 两种钻机,钻孔以 ϕ113 mm 为主,也有 ϕ153 mm 或 ϕ300 mm 钻孔。顺层钻孔孔间距 10 m,穿层钻孔主要为 10 m×5 m(轴向×径向)布置方式,如表 1-4-1 所列。

封孔采用囊袋式两堵一注和一堵多注封孔。封孔时,顺层钻孔封孔 20 m,穿层孔从孔口封至煤层底板。

1.4.2　预抽钻孔影响因素

预抽钻孔抽采瓦斯影响因素较为复杂,受到煤层瓦斯压力、瓦斯含量、煤层透气性系数、煤层厚度、断层和煤层及顶底板含水等因素影响,同时预抽钻孔的施工、钻孔布置、封孔方法、抽采负压等对瓦斯抽采效果也有影响。

1.4.2.1　煤层瓦斯压力

煤层瓦斯压力主要通过现场实测进行确定,目前的技术水平难以准确测定煤层瓦斯压力,从表 1-3-1 的统计结果及部分测试结果看,相同煤层不同矿井煤层瓦斯压力与煤层埋深之间具有一定的规律性。这是由于淮南矿区煤层瓦斯地质条件复杂,同一煤层在不同的地质构造区域内的差异大,因而,相互之间有借鉴作用,但不能完全进行可比性分析。

从现有瓦斯抽采钻孔施工与抽采情况看,煤层瓦斯压力越大越不利于瓦斯抽采钻孔的施工,当煤层瓦斯压力超过 1 MPa 后,钻孔施工过程容易发生顶钻、喷孔等情况,加大瓦斯抽采钻孔施工的难度。

1.4.2.2　煤层瓦斯含量

瓦斯含量表明了煤层中赋存瓦斯量的多少,对钻孔施工和抽采过程中的瓦斯排放量有很大影响。表 1-3-1 的结果显示关键保护层煤层瓦斯含量相对不高,仅丁集矿 11 煤出现了高于 8 m³/t 的情况,其余均小于 8 m³/t,而对应地点的煤层瓦斯压力相对较高,整体上关键保护层瓦斯特征表现为"高压低含"总体特征,说明煤层瓦斯在成煤的变质时期中,前期瓦斯封存条件差而后期瓦斯封存条件好,也存在着煤层中封闭型微孔含大量瓦斯的情形。"高压低含"的关键保护层瓦斯赋存特征,使治理本煤层瓦斯问题时,更多的是依赖煤层内的钻孔

表1-3-1　试验地点及煤层瓦斯基础参数特征

矿井	煤层	试验地点	瓦斯压力		瓦斯含量		吸附常数		透气性系数 /[m²/(MPa²·d)]	流量衰减系数 /(1/d)	突出指标		
			标高 /m	范围 /MPa	标高 /m	范围 /(m³/t)	a /(m³/t)	b /(1/MPa)			破坏类型	坚固性系数 f	放散初速度 ΔP/mmHg
张集	9煤	东一、东二、西一、西三采区,东风井	−596~−849.5	0.07~0.7	−596~−849.5	1.78~4.96	20.464 6	0.841 7			V类	0.57~1.02	2.4~7.5
谢桥	6煤	21216底抽巷	−802	0.19~1.5	−802	6.5	21.335 7	0.646 3	0.036 12	0.053 8	II类、III类	0.45~1.4	5~11.8
顾北	6煤	南翼8-6-2采区6-2煤底板岩石胶带机巷	−570~−704	1.1~2.7	−487.24~−767.96	5.74	19.982 7	0.944 3	0.06	0.19	II类、III类	0.61	8.6
顾桥	11煤	1124(1)工作面和1125(1)工作面11-2煤层和中央区1125(1)运输平巷底板巷	−877.6~−938.4	0.16~0.55	−877.6~−938.4	3.13~3.73	28.219 7	0.676 7	0.060 2	0.29	II类、III类	0.45	15.7
潘三	11煤	东一二水平11-2煤岩石回风巷,17102(1)运输平巷,1662(1)运输平巷,2121(1)运输平巷瓦斯底板治理巷	−732.8~−774.6	1.22~1.6	−794.7~−801	6.148~6.942	18.107 1	0.959 2	0.028	0.431	III类、IV类	0.79	5.4
张集	11煤	1414(1)运输平巷,1313(1)运输平巷底抽巷,1422(1)运输平巷底抽巷	−704~−709	1.39~1.74	−650~−690	5.64~7.7	21.403 3	0.742 7	0.000 273 1	0.030 9~0.048 6	II类、III类	0.71	8.7
朱集东	11煤	1222(1)上平巷顶板巷	−913.9~−925.7	0.2~0.73	−913.9~−925.7	4.1~5.6	21.331 5	0.992	0.762~0.881 2	0.017 8	III类、IV类	0.97	9.1
丁集	11煤	11-2煤层	−830~−930	0.5~1.1	−830~−930	3.63~8.53	27.489 2	0.821 6	0.013 15	0.559 2	III-IV类	0.75	8.3

表 1-4-1 抽采瓦斯钻孔布置与参数

矿井	煤层	钻机型号	注浆泵型号	钻孔布置 顺层孔距 /m	钻孔布置 穿层孔距（轴向×径向）/（m×m）	孔径 顺层孔 /mm	孔径 穿层孔 /mm	封孔方法	封孔位置	封孔长度 /m
谢桥	6 煤	ZDY3200	2ZBQ-30/3	15	10×5	113	113	穿层：聚氨酯一堵多注；顺层：囊袋式两堵一注	从孔口往里 5 m 处封至 20 m 处	15
顾北	6 煤	ZDY3200S	ZBY-50/7-J	10	10×5 5×5	113	113	一堵一注，聚氨酯	1 英寸变 2 英寸变头之后 2 英寸花管向下 2 m 处	20
顾桥	11 煤	ZDY3200S	2ZBQ-30/3	2,2.5,3,3.5	10×5 5×5	113	113	两堵一注	从孔口往里 5 m 处封至 20 m 处	15
潘三	11 煤	ZDY4000S	ZBY3/7.0-11	5	10×5 5×5	113	94,113	两堵一注	顺层：0～20 m；穿层：0～20 m	20
张集	11 煤	ZDY-3200S	ZBQ-32/3	10	10×5	120	94,153	两堵一注、一堵多注、聚氨酯	顺层：0～20 m；穿层：一堵多注时孔口至煤底板；两堵一注：0～20 m	20
朱集东	11 煤	ZDY-3200S	ZBY3/7.0-11	10	10×5	113	113	用封孔囊袋注专用水泥	顺层：距孔底 1 m；穿层：距孔底 2 m	20
丁集	11 煤	ZDY-3200S	ZBY-50/7-J	10	10×5 5×5	113	113,300	穿层：聚氨酯一堵一注；顺层：囊袋式两堵一注	顺层：0～20 m；穿层：0～20 m	20

及其裂隙。

1.4.2.3 煤层透气性

煤层透气性是影响煤层钻孔抽采瓦斯的关键因素,从表 1-3-1 看,不同煤层,其透气性差异很大,即便是同一煤层其透气性也有很大差异,甚至相差几个数量级,比如张集矿 11 煤的透气性系数比朱集东矿 11 煤低 3 个数量级。

透气性系数差异产生的因素也较多,不仅涉及煤体本身的孔隙分布,而且与煤层的埋深也有很大关系。从对国内外钻孔抽采瓦斯效果看,煤层埋深越大,受煤层上覆岩层压应力的作用,煤体的透气性系数一般呈指数关系增长。这种情况下煤层地应力的释放对提高煤层透气性系数具有重要的影响。但淮南矿区关键保护层其本身是煤层群的开采层,本身实现卸压只能通过钻孔方式,因此提高关键保护层的透气性系数难度较大,这非常不利于预抽钻孔抽采瓦斯。

1.4.2.4 煤层厚度与钻孔布置

煤层厚度对钻孔的布置有重要的影响,煤层过厚或者煤层过薄均不利于布置瓦斯抽采钻孔。煤厚且软,煤层钻孔易于坍塌,往往需要采取护孔措施。过厚的煤层在施工顺层钻孔时,往往需要布置多排。在倾向长度超过 240 m 的工作面两巷施工顺层钻孔,会因煤层起伏变化的影响难以保证钻孔在合适层位,从而使得煤层关键区域内钻孔发生偏移。过薄的煤层,顺层钻孔难以保证处于煤层中,从而使得钻孔抽采效果下降。研究的 6 煤、9 煤和 11煤厚度较好,除张集矿 9 煤、潘三矿 11 煤和朱集东矿 11 煤平均厚度为 1.7 m 外,其他基本在 2.6～3.9 m 之间。

1.4.2.5 断层分布

断层多,不仅会影响钻孔抽采瓦斯的有效区域,而且对钻孔布置方面有重要的影响。断层的存在改变了煤层原有的完整结构,使得瓦斯抽采钻孔有效控制区域减小。但是断层附近煤体受地应力作用发生破坏,煤体的裂隙相对发育,瓦斯抽采钻孔的成孔相对困难,需要进行护孔;在张拉性外力作用下,瓦斯流动性增加,易于瓦斯抽采。因此,断层对钻孔瓦斯抽采的影响是多方面的。

1.4.2.6 煤层及顶底板含水

煤层顶底板含水对穿层钻孔抽采瓦斯效果的影响非常大。煤层顶底板含水时,钻孔封孔质量差,往往引起钻孔渗水,煤层水在抽采负压作用下通过瓦斯抽采钻孔进入瓦斯抽采管路,会引起钻孔内抽采负压的急剧衰减,降低抽采瓦斯的作用力。当抽采钻孔为下向钻孔时,水会进入瓦斯抽采气室,堵塞煤层解吸瓦斯的气体通道,不利于煤层瓦斯的排放。

1.4.2.7 钻孔封孔

钻孔封孔是实现瓦斯治理的关键,但封孔位置、封孔深度、钻孔密封后煤(岩)体周围裂隙分布等对钻孔抽采瓦斯效果有重要的影响。预抽钻孔周围煤体瓦斯流场及其随抽采时间的分布特征,以及如何布置钻孔获得最佳抽采效果,仍处于理论认识与推断阶段,缺乏实证依据,从而导致钻孔封孔的方法、封孔参数、确定预抽钻孔布置的标准尚不完全清楚,存在疑虑。这一状况不利于煤矿瓦斯抽采技术的提高与推广,也不利于煤矿安全高效生产。

1.4.2.8 抽采负压

抽采负压成为制约抽采时间和抽采瓦斯浓度的主要因素,抽采负压越高,钻孔内外压差越大,钻孔密封难度加大,钻孔漏气严重,抽采钻孔瓦斯浓度相对越低。抽采负压越低,钻孔内外压差越小,钻孔的密封越好,煤层中瓦斯得以缓慢释放,瓦斯抽采量小,抽采时间长。《防治煤与瓦斯突出规定》要求预抽钻孔孔口抽采负压不得小于 13 kPa。

2　预抽钻孔封孔方法与参数

2.1　预抽钻孔封孔现状

2.1.1　钻孔密封理论

关于密闭理论主要集中在机械配合的密封,对于钻孔密封理论研究的内容较少。中国矿业大学林柏泉和周世宁教授曾应用流体力学、密封材料学、渗流力学相关理论知识探讨了钻孔密封段密封介质的渗漏机理,得到了钻孔密封介质泄漏量的理论计算公式,并在此基础上深入分析了钻孔密封段密封介质泄漏量大小的影响因素,研发了三相泡沫作为密封介质的测压装置并取得了成功,奠定了关于钻孔密封理论研究的基础。林柏泉、张仁贵利用密封介质泄漏量的理论计算公式及其影响因素,论述了密封圈的材料选择原则,设计加工了可变形的弹性密封圈,和普通胶圈进行了对比实验,实验证明应用弹性密封圈提高了钻孔密封性。唐俊、蒋承林应用流体力学理论基础,建立了钻孔密封瓦斯泄漏量的理论计算模型,并利用计算模型分析得出影响泄漏率的相关因素,为连续流量法煤巷突出预测装置的钻孔密封部分设计提供了理论设计依据。刘三钧总结了钻孔密封机理并进行了新型煤层瓦斯压力测定技术研究,在瓦斯压力测定工作中应用取得了很好的效果。

这些理论的提出,为煤矿瓦斯抽采钻孔封孔奠定了基础,指明了方向,使得钻孔封孔科学化。

2.1.2　目前封孔方法

钻孔的密封直接影响着瓦斯抽采效果的好坏。因此,在实际操作过程中,封孔工艺应满足密封性好、操作方便、速度快、材料省等要求。目前,采用的钻孔封孔材料及工艺有以下几种。

2.1.2.1　黏土/水泥卷封孔

采用黏土/水泥卷封孔时,首先把抽采管插入钻孔内,抽采管应超出钻孔封孔长度 200 mm,将特制的柱状黏土送入孔内,每次送入 0.5 m 长黏土/水泥卷,用捣棍捣实,在距孔口 1.0 m 时,用水泥浆封堵,经过 24 h 水泥凝固后,接抽采管至抽采泵,进行瓦斯抽排。封孔结构如图 2-1-1 所示。

2.1.2.2　封孔器封孔

用于瓦斯抽采的封孔器又可分为静压注水式、锥形胶囊式和高弹伸缩式三种,如图 2-1-2～图 2-1-4 所示。

2.1.2.3　水泥浆封孔

水泥浆封孔一般可分为用人工捣入或用封孔泵注入。由于人工捣入费工费时,且封孔长度有限,所以有条件的矿井普遍使用封孔泵。其采用的方式是:在抽采钻孔内插入带有快

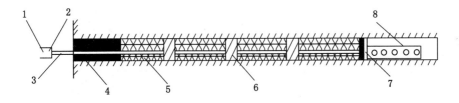

图 2-1-1　黏土封孔工艺示意图

1——接抽采泵；2——管接头；3——抽采管；4——水泥；5——黏土；6——木塞；
7——挡盘；8——筛管

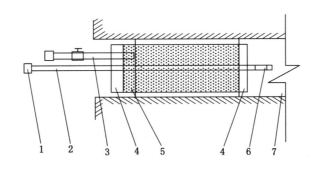

图 2-1-2　静压注水式封孔器

1——快速接头；2——抽气管；3——高压注水管；4——锁头；5——胀式高压储水器；
6——集气孔；7——抽采钻孔

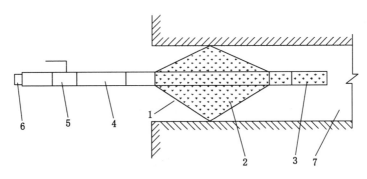

图 2-1-3　锥形胶囊式封孔器

1——橡胶外套；2——弹性充填料；3——集气孔；4——抽气管；5——阀门；
6——快速接头；7——抽采钻孔

速接头、挡板和集气管的注浆管件，其结构如图 2-1-5 所示。水泥浆封孔是目前煤层瓦斯压力测试中常用的钻孔封孔工艺。

2.1.2.4　聚氨酯封孔

聚氨酯封孔主要按照设计要求，在规定的封孔段，采用毛巾或麻袋布缠卷药液捆扎在瓦斯抽采管路上，然后将管路送入抽采钻孔中。受聚氨酯药液反应时间的限制，要求整个操作时间不超过 5 min。聚氨酯封孔结构如图 2-1-6 所示。

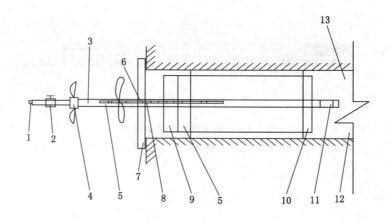

图 2-1-4　高弹伸缩式封孔器

1——快速接头;2——阀门;3——抽气管;4——推压手柄;5——定位滑槽;6——定位销;

7——孔口支架;8——活动挡盘;9——高弹橡胶体;10——压缩后橡胶体;11——固定挡盘;

12——集气孔;13——抽采钻孔

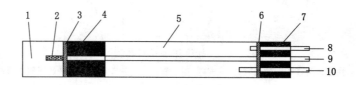

图 2-1-5　封孔泵封孔结构示意图

1——测压室;2——花管;3——挡板;4,7——袋装矿用合成树脂孔段;5——水泥浆封孔段;6——挡板;

8——导气管;9——测压管;10——注浆管

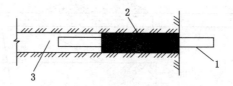

图 2-1-6　聚氨酯封孔示意图

1——抽采孔;2——聚氨酯密封段;3——钻孔

　　钻孔封孔方法中,黏土封孔时,黏土材料必须软硬适当,太软时容易黏在孔壁上,黏土送不到位,形成空腔与裂隙使封孔失败;过硬时会出现裂缝也会漏气。静压注水式封孔器封孔较严实,抽完瓦斯后还可接上水管实施煤体浅孔注水,实现一孔两用,其缺点是较笨重,操作不方便。而锥形胶囊式封孔器和高弹伸缩式封孔器,优点是重量轻、操作简便、适应性强,但其封孔质量不易保证。水泥浆封孔的优点是材料便宜、操作方便、速度快、封孔深度较长,而且注浆对孔周围岩体的裂隙也有一定的封堵作用,封孔严密,效果较好,但水泥重,运输困难,水泥凝固过程中还是会有一定程度的收缩,形成裂隙,导致封孔效果不佳。聚氨酯密封初期效果好,但随着抽采时间的延长,抽采瓦斯浓度降低很快。

2.2 钻孔高效密封原理

钻孔封孔质量的好坏,取决于两个因素:一是封孔材料本身的致密性和后期受压变形及其破坏性;二是钻孔周边微裂隙的密封以及钻孔周边应力场再分布后的次生裂隙的封堵。对钻孔周围裂隙分布和气体渗透特性分析是有效密封钻孔的前提和理论依据。

2.2.1 钻孔周围应力场分布

由于钻孔周围岩体属非均质、非连续、非线性以及加载条件和边界条件复杂的一种特殊介质,到目前为止,对于岩石及岩体的力学性质,以及原岩应力场的特征,尚未完全掌握,还无法用数学力学的方法精确地求解出钻孔周围岩体内各处的应力分布状态,因此要对钻孔周围的一些条件进行简化。

将钻孔周围的岩体简化为完全均质的连续弹性体,把均质连续无限或半无限弹性体中孔周边应力分布问题作为平面应变问题,即可对双向等压应力场内的钻孔周围应力分布进行分析。

2.2.1.1 基本假设

假设围岩为均质,各向同性,线弹性,无蠕变或黏性行为;原岩应力为各向等压(静水压力)状态;钻孔为圆形,在无限长的巷道长度范围内围岩性质一致。

取钻孔走向方向任一断面为研究对象,设该截面埋深为 H 大于或等于 20 倍钻孔半径 $R_0(H \geqslant 20R_0)$。此时,忽略钻孔影响范围内岩石自重,巷道原岩应力可简化为均布应力,问题就转换为荷载与结构都是轴对称的平面应变圆孔问题。

2.2.1.2 基本方程

根据平面应变圆孔问题及图 2-2-1 所示单元体应力分布,可列出关系式(2-2-1):

$$(\sigma_r + d\sigma_r)(r + dr)d\theta - \sigma_r r d\theta - 2\sigma_t dr \sin\frac{d\theta}{2} = 0 \qquad (2\text{-}2\text{-}1)$$

式中　σ_r、σ_t——分别是切向应力和径向应力;

　　　r、θ——微单元的半径和坐标角。

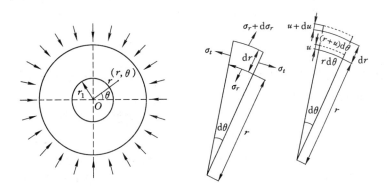

图 2-2-1　等压圆孔周围单元体应力分布

忽略高次微分,并认为 $\sin\dfrac{d\theta}{2} = \dfrac{d\theta}{2}$,则有:

$$\sigma_r - \sigma_t + r\,\frac{\mathrm{d}\sigma_r}{\mathrm{d}r} = 0 \qquad\qquad (2\text{-}2\text{-}2)$$

考虑到钻孔径向变形，$\mu \rightarrow \mu + \mathrm{d}\mu$，径向应变 ξ_r 为：

$$\xi_r = \frac{(\mu + \mathrm{d}\mu) - \mu}{\mathrm{d}r} = \frac{\mathrm{d}\mu}{\mathrm{d}r} \qquad\qquad (2\text{-}2\text{-}3)$$

钻孔切向变形，$r\mathrm{d}\theta \rightarrow (r+\mu)\mathrm{d}\theta$，切向应变 ξ_t 为：

$$\xi_t = \frac{(r+\mu)\mathrm{d}\theta - r\mathrm{d}\theta}{r\mathrm{d}\theta} = \frac{\mu}{r} \qquad\qquad (2\text{-}2\text{-}4)$$

$$\frac{\mathrm{d}\xi_t}{\mathrm{d}r} = \frac{1}{r}\,\frac{\mathrm{d}\mu}{\mathrm{d}r} - \frac{\mu}{r^2} = \frac{1}{r}\left(\frac{\mathrm{d}\mu}{\mathrm{d}r} - \frac{\mu}{r}\right) = \frac{1}{r}(\xi_r - \xi_t) \qquad (2\text{-}2\text{-}5)$$

结合广义胡克定律：

$$\xi_t = \frac{1}{E}\left[\sigma_t - \mu(\sigma_r + \sigma_z)\right], \xi_r = \frac{1}{E}\left[\sigma_r - \mu(\sigma_t + \sigma_z)\right]$$

可得：

$$\frac{\mathrm{d}\sigma_t}{\mathrm{d}r} - \mu\,\frac{\mathrm{d}\sigma_r}{\mathrm{d}r} = \frac{1+\mu}{r}(\sigma_r - \sigma_t) \qquad\qquad (2\text{-}2\text{-}6)$$

2.2.1.3 计算结果及分析

联立式(2-2-1)和式(2-2-6)，并设 $\sigma_1 = \gamma H$，可得任意一点的 σ_r 和 σ_t，从而可得钻孔周围应力分布如图 2-2-2 所示。

$$\sigma_r = \gamma H\left(1 - \frac{r_1^2}{r^2}\right) \qquad (2\text{-}2\text{-}7)$$

$$\sigma_t = \gamma H\left(1 + \frac{r_1^2}{r^2}\right) \qquad (2\text{-}2\text{-}8)$$

式中，r_1 为钻孔的半径。

从计算结果看出：在双等压应力场中，钻孔周围均受压应力，应力大小与钻孔孔径和钻孔所在岩石深度有关。

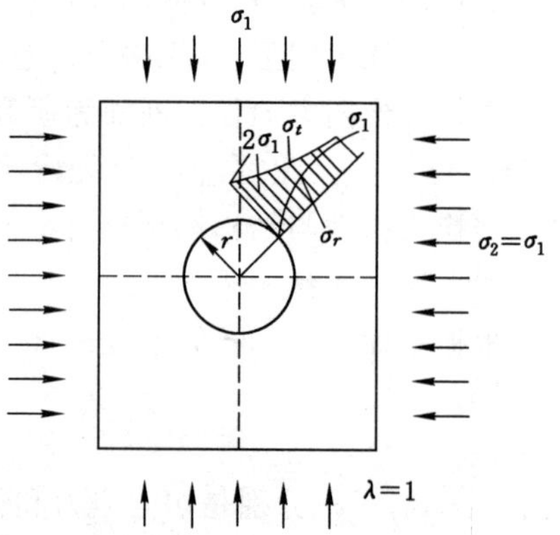

图 2-2-2　钻孔周围应力分布

2.2.2　钻孔周围裂隙场分布

钻孔成孔过程中，受岩体应力场及其重分应力场的作用，尤其是打钻过程的振动，会发生变形破坏，形成破碎圈，从而导致钻孔周围形成裂隙场。

为求得钻孔周围破碎圈半径，进行如下假设，对研究问题进行简化：

(1) 钻孔为圆形，原岩应力场为静水应力场，钻孔周边受均匀等向应力；

(2) 钻孔周边存在图 2-2-3 所示破碎区、塑性区、弹性区和原岩应力区；

(3) 弹性区中的应力分布与弹性体中心受力圆孔周边应力分布相同，塑性区中岩石破碎满足 Mohr-Coulomb 屈服准则；

(4) 破碎带中岩体的应力小于原岩应力。

根据以上假设，可得：

塑性区半径：

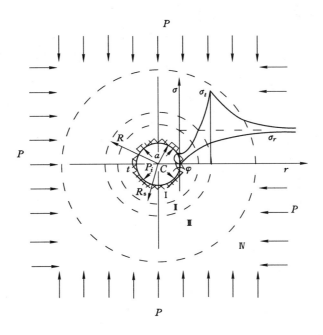

图 2-2-3　钻孔围岩变形区及应力分布

P——原岩应力；P_i——支护阻力；C——岩体内聚力；φ——内摩擦角；σ_t——切向应力；
σ_r——径向应力；a——钻孔半径；R——塑性区半径；R_s——破碎区半径；
Ⅰ——破碎区；Ⅱ——塑性区；Ⅲ——弹性区；Ⅳ——原岩应力区

$$R = a\left[\frac{(P + C\cot\varphi)(1 - \sin\varphi)}{P_i + C\cot\varphi}\right]^{\frac{1-\sin\varphi}{2\sin\varphi}} \qquad (2\text{-}2\text{-}9)$$

破碎区半径：

$$R_s = a\left[\frac{(P + C\cot\varphi)(1 - \sin\varphi)}{(1 + \sin\varphi)(P_i + C\cot\varphi)}\right]^{\frac{1-\sin\varphi}{2\sin\varphi}} \qquad (2\text{-}2\text{-}10)$$

孔周边位移：

$$\mu = \frac{a\sin\varphi}{2G}\frac{(P + C\cot\varphi)^{\frac{1}{\sin\varphi}}(1 - \sin\varphi)^{\frac{1-\sin\varphi}{2\sin\varphi}}}{(P_i + C\cot\varphi)^{\frac{1-\sin\varphi}{2\sin\varphi}}} \qquad (2\text{-}2\text{-}11)$$

式中，G 为围岩的剪切弹性模量。

从式(2-2-9)、式(2-2-10)和式(2-2-11)看出，钻孔周边围岩位移主要取决于岩层原始应力 P、钻孔的半径 a、反映岩石强度性质的内摩擦角 φ 和内聚力 C 等。

2.2.3　钻孔注浆裂隙密封模型

瓦斯抽采钻孔封孔段有一定的距离，可以认为浆液在封孔段煤（岩）体中运移为柱面注浆扩散运动。钻孔注浆的密封其实就是钻孔周围岩体渗透率和钻孔周围岩体应力应变与各注浆参数之间的关系。

2.2.3.1　浆液柱面扩散理论

钻孔注浆密封相当于在一定长度范围内利用注浆泵增压，迫使浆液在封孔段向钻孔周围煤（岩）体裂隙中流动，该流动过程可用柱面扩散理论进行解释。注浆时，浆液在抽采钻周边煤(岩)体中流动可用达西定律描述：

$$q = kA(dP/dr) \tag{2-2-12}$$

当采用两堵一注封孔工艺时,浆液是顺着钻孔的径向流动,浆液在压力驱动下扩散范围随时间的关系可用式(2-2-13)表示：

$$r = \sqrt{\frac{2kh_1\rho t}{\ln(R/r_0)} + r_0^2} \tag{2-2-13}$$

式中　t——整个注浆过程所用的时间,s；

　　　r——浆液扩散半径,m；

　　　R——浆液最大扩散半径,m；

　　　h_1——促使浆液流动的压力差,Pa；

　　　r_0——注浆孔半径,m；

　　　ρ——浆液密度,kg/m³；

　　　k——煤(岩)层渗透系数,m/s。

可见,当其他参数不变时,浆液扩散半径随着注浆时间的延长而扩大,但当注浆时间足够长后,浆液扩散范围增加量很小,因此没有必要一直持续注浆；当注浆时间限定后,注浆压力越大,浆液扩散范围越大,注浆封堵煤(岩)体裂隙越好,因此适当提高注浆压力有利于提高注浆封孔质量。实际施工中,可根据设备的能力尽量提高注浆压力。

2.2.3.2　柱面注浆密封模型

钻孔注浆最理想的效果是浆液扩散半径达到钻孔周边塑性区半径,此时所注的浆液能够充填钻孔周围所有裂隙,封堵钻孔周围煤(岩)体气体流动通道,达到有效封堵钻孔的作用,从而保证钻孔抽采高浓度瓦斯。因此,高效封孔应有式(2-2-13)和式(2-2-9)中 $r = R$,从而有：

$$\sqrt{\frac{2kh_1\rho t}{\ln(R/r_0)} + r_0^2} = R = a\left[\frac{(P+C\cot\varphi)(1-\sin\varphi)}{P_i+C\cot\varphi}\right]^{\frac{1-\sin\varphi}{2\sin\varphi}} \tag{2-2-14}$$

即：

$$k = \frac{(R^2 - r_0^2)\ln(R/r_0)}{2h_1\rho t}$$

因此,可得注浆封孔后密封数学模型：

$$k = \frac{a^2\left[\frac{(P+C\cot\varphi)(1-\sin\varphi)}{P_i+C\cot\varphi}\right]^{\frac{1-\sin\varphi}{\sin\varphi}} - r_0^2}{2th_1\rho} \cdot \ln\frac{a\left[\frac{(P+C\cot\varphi)(1-\sin\varphi)}{P_i+C\cot\varphi}\right]^{\frac{1-\sin\varphi}{2\sin\varphi}}}{r_0}$$

$$\tag{2-2-15}$$

可见,钻孔密封效果随着注浆时间的延长而增高,随着注浆压力和浆液稠度的提高而增高。

2.3　钻孔封孔深度

钻孔密封中,尤其是软煤层中顺层钻孔,受地应力和采动应力场的作用,煤体应力出现重新分布,部分区域应力增加,部分区域应力减小。应力增加区,煤体受压,透气性差,钻孔周围裂隙较少,利于密封,反之不利于密封。因此,钻孔封孔深度与钻孔所在巷道周围应力场有很大关系。

2.3.1　煤层巷道周边应力分布

一般情况,煤矿井下进行掘进作业的短时间内,会在采掘空间界面附近形成较高的集中应力,当集中应力达到煤体强度极限后,煤体发生屈服变形,使得集中应力向深部转移。一定时间后,巷道在其径向方向,从壁面到煤体深部,形成卸压区、应力集中区和原始应力区,这三个区中煤体受力和变形性质各异。

2.3.1.1　卸压区

由于集中应力(或支撑压力)的作用,使煤体边缘首先被压酥,形成裂隙,造成煤体强度显著降低,只能承受低于原岩应力的载荷,故称之为卸压区(或应力降低区)。由于煤体被压酥,使集中应力的作用点向煤体深部转移。卸压区的宽度一般在 2～5 m 之间,主要与集中应力大小、巷道面积和煤质软硬有关。一般认为,集中应力越大、巷道面积大和煤质软,则卸压区的宽度也越大。

2.3.1.2　应力集中区

应力集中区又可分为塑性变形区和弹性变形区。在塑性变形区,由于煤层与顶底板之间摩擦力逐渐增加,使煤体所受的水平挤压力增大,此时,煤体受力状态为双向乃至三向,其强度增大,所受压力逐渐增高直至集中应力峰值。理论及实践证明:塑性区宽度大小取决于巷道所在煤层深度、煤层厚度、煤层性质及其顶底板岩性等。从峰值应力区向煤体深部方向,集中应力逐渐衰减,该阶段煤体由于所受应力未达到屈服值,基本上处于弹性变形阶段,故而称之为弹性变形区。

2.3.1.3　原始应力区

该位置煤体由于远离巷道所在位置,不受巷道掘进应力的影响,故煤体所受应力仍处于原始应力状态。

综上所述,由于塑性区和卸压区中的煤体经受了峰值应力的作用,超过了煤体的最大承受能力,随后又进入卸压,煤体发生了压缩和膨胀变形,煤体一般裂隙丰富,钻孔封孔难度较高。实际上,该区域受采动应力变化影响,裂隙丰富,这一区域煤层中所含瓦斯很快得到了散逸,经历一段时间后,瓦斯含量降低很快,不需要进行瓦斯抽采。

2.3.2　钻孔密封合适深度

根据岩石力学研究成果,煤样的应力应变全程曲线如图 2-3-1 所示。由图可见,煤样的应力全程分为 5 个阶段。

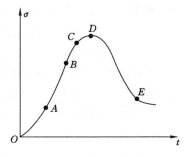

图 2-3-1　煤样应力应变全程曲线

OA 段,为原始空隙压密阶段,原始裂隙闭合,没有新的裂隙形成,有微量的声发射产生。

AB 段,为线弹性阶段,B 点为弹性极限,煤样处于弹性状态,有微量的新裂隙产生,并伴有少量的声发射。

BC 段,为弹塑性变形阶段,从 B 点开始,当应力达到 $0.6\sigma_{max}$ 以上时,新裂隙产生渐多,声发射明显增多,试件中开始产生新的破裂,但 BC 段中破裂的传播比较缓慢而稳定。

CD 段,为破坏阶段,D 点为强度极限,从 C 点开始,当应力达到 $0.95\sigma_{max}$ 以上时,新裂隙急剧增加并相互贯穿,同时声发射急增,在 CD 段,破裂开始快速传播,应变速度明显增大,当载荷达到应力峰值 σ_{max} 时,试件发生破坏。

DE 段,为破坏发展阶段,贯穿裂隙继续发展,声发射继续变化,试件出现明显的扩容膨胀现象。

根据煤样的应力应变全程曲线,从 CD 段开始,试件内部即产生大量裂隙并相互贯穿,这为瓦斯流动提供了良好通道。在应力集中带内,最大应力比原始应力高 1~2 倍,造成煤体发生塑性破坏。由最大应力点到煤壁的距离称为塑性极限应力带,视工作面的具体情况不同在 8~20 m 之间变化。在塑性极限应力带,煤体破坏,发生扩容膨胀现象,大量裂隙形成相互贯穿,给超前动压区抽采瓦斯创造了有利条件。

通过以上分析,认为钻孔有效封孔段在应力集中区较好。在应力集中区以外,由于经历了受压—卸压过程,煤体破碎,透气性增高,瓦斯已经得到释放,不需要进行抽采;另外,在应力集中区以外,煤体破碎,裂隙发育,且受井下应力场扰动,若在破碎区封孔,易发生二次再生裂隙,降低封孔质量,导致后期瓦斯抽采浓度下降。

2.4 淮南矿区关键保护层钻孔密封方法与参数

2.4.1 关键保护层瓦斯抽采特点

我国煤矿瓦斯治理首选保护层开采为区域防突措施,瓦斯治理的关注点往往是被保护层。煤层群条件下,尤其是淮南矿区,关键保护层本身就是煤与瓦斯突出煤层,在对保护层开采时,首先要解决的问题是保护层本身的瓦斯治理。对于被保护层由于其透气性增大,瓦斯抽采的难度反而降低。保护层开采前及开采过程中的瓦斯治理钻孔具有如下特点:

(1)煤层透气性低,穿层钻孔抽采瓦斯时需要配合强化增透技术。

淮南矿区目前主要以 11 煤、6 煤和 9 煤作为关键保护层,这些煤层因其本身煤层瓦斯含量高,瓦斯压力大,为煤与瓦斯突出煤层,但其突出危险性相比于其他主采煤层较低。在综合分析后,11 煤、6 煤和 9 煤作为关键保护层进行开采。由于其本身具有突出危险性,煤巷掘进前往往需要施工关键保护层的煤层底(或顶)板岩石巷道,采用穿层钻孔条带预抽、消突。受低透气性特征的影响,一般采用深孔预裂爆破或水力冲孔、水力压裂等强化增透措施。根据煤层倾角具体情况,抽采控制区域一般在煤层巷道两帮各 15 m,也就是说保护层煤巷两帮各 15 m 范围已经人为破坏,煤体裂隙较为发育。

(2)煤层软,顺层钻孔施工难,钻孔成孔率低。

工作面两巷及切眼消除煤与瓦斯突出危险后,关键保护层工作面瓦斯治理主要依靠顺层钻孔。顺层钻孔抽采瓦斯效果首先取决于钻孔施工。对于破碎煤体钻孔施工过程中,盲目增大钻机功率往往达不到预期施工效果。经验表明,松软煤层钻孔施工,一是控制钻机功率,慢进、加大排渣力度;二是改进钻进工艺,当前松软煤层采用根管钻进工艺,有效实现了松软煤层的顺层钻孔施工与护孔。

(3)因受到穿层钻孔的预先施工与抽采,破碎了抽采区域煤体,后期该区域的顺层封孔难度增大。

钻孔成孔后,受煤体破碎程度的影响,顺层钻孔的封孔质量往往不高,钻孔封孔后,初期瓦斯抽采效果好,但持续时间短,造成瓦斯抽采效果差。现场经验表明,松软煤层顺层钻孔进行传统的封孔方法后,一般抽采 7 d 左右,钻孔抽采瓦斯浓度迅速衰减至 10％ 以下,被迫关闭该钻孔,这不仅导致顺层钻孔利用率不高,而且使得关键保护层瓦斯得不到有效治理。因此,研究松软煤体,尤其是巷帮 15 m 范围内穿层钻孔破坏后的煤体的钻孔封孔技术或装置,是关键保护层瓦斯治理的重要环节。

(4) 顺层钻孔抽采过程中周围煤层瓦斯流场特征尚不清晰。

一般认为,顺层钻孔抽采瓦斯时,在其周围形成一维流场,即在钻孔两侧,垂直钻孔方向,抽采的瓦斯向钻孔方向形成相互平行的流线。实际上受孔内负压衰减特性的影响,从孔口至孔底,孔内压力是下降的,因而孔壁瓦斯流入钻孔的形式只能是图 2-4-1 中的某一种,从而在钻孔周围形成的瓦斯流场会因煤层瓦斯解吸快慢的差异而表现为向孔口弯曲的不均匀流场。

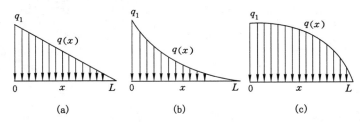

图 2-4-1　钻孔内瓦斯流入形式

(5) 关键保护层开采接替紧张,瓦斯抽采钻孔有效周期与钻孔布置参数相互关系需明确。

关键保护层工作面由于本身瓦斯治理,包括煤巷掘进和顺层钻孔抽采所需时间长,这就对钻孔布置提出了更高的要求。淮南矿业(集团)有限责任公司要求圈定的工作面内最后一个钻孔抽采时间保证不低于 30 d 的情况下,煤层本身能够实现消除煤与瓦斯突出危险性且抽采瓦斯达标。因此钻孔布置参数和抽采时间的对应关系应能满足要求。

2.4.2　钻孔密封方法

瓦斯抽采钻孔的密封技术是煤层瓦斯治理的关键之一,尽管当前关于钻孔的密封方法有很多,但能够进行推广应用,并能取得较好效果的并不多。本书研究提出了囊袋式两堵一注封孔方法,实现了瓦斯抽采钻孔的定点封孔。

2.4.2.1　封孔装置的结构

一体化囊袋式两堵一注封孔装置主要由一根注浆管、两个囊袋、两个单向阀和一个爆破阀组成,其结构如图 2-4-2 所示。

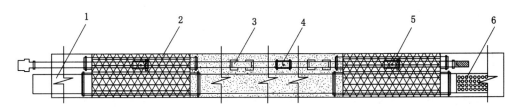

图 2-4-2　一体化囊袋式两堵一注封孔装置结构示意图

1——瓦斯抽采管;2——囊袋;3——接头;4——爆破阀;5——单向阀;6——抽采花管

注浆管贯穿整个封孔装置，里端密闭，外端连接注浆泵，起到传递浆液的作用，使得浆液按要求先后进入囊袋和封孔空间；装置中囊袋是形成"两堵"的关键，囊袋的有效膨胀是设计封孔段能实现注浆封孔的前提，当囊袋膨胀后，才能在两囊袋之间形成注浆封孔空间；单向阀连接注浆管与囊袋，起到控制浆液进入囊袋而不发生回流的作用；根据封孔要求设定爆破阀爆破压力，当囊袋、注浆管中的压力达到设计值后，爆破、打开，实现注浆管内的浆液进入两囊袋之间的封孔空间，实现钻孔封孔。

一体化囊袋式两堵一注封孔装置结构简单，质量轻，使用前可将注浆管盘成圆盘状，如图 2-4-3 所示，便于携带。使用时，先连接瓦斯抽采管，然后将封孔装置捆绑于瓦斯抽采管上，随同瓦斯抽采管一同送入钻孔即可。

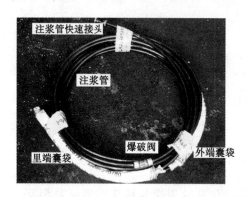 

图 2-4-3　囊袋式两堵一注封孔装置

2.4.2.2　封孔原理

一体化囊袋式两堵一注封孔中不设返浆管，利用一根注浆管先形成钻孔密封空间后，进行密封空间的封孔工艺。其封孔是利用注浆泵形成的压力驱使浆液在注浆管内流动，当浆液充满注浆管后，囊袋的单向阀在注浆压力作用下开启，实现向装置的前后两个囊袋注浆，随着注浆过程的进行，两个囊袋内浆液越积越多，并在注浆泵的作用下膨胀，同时使得注浆管及囊袋内浆液压力升高。由于囊袋的膨胀，会在两个囊袋之间的钻孔中形成独立密封空间。当压力升高至设定值时，两个囊袋之间注浆管上的爆破阀打开，浆液进入囊袋之间的密闭钻孔空间，充填该段钻孔。爆破阀开启的瞬间，注浆管内的浆液压力会有轻微的下降，出现囊袋内浆液压力大于注浆管浆液压力的情况，此时，单向阀关闭，控制浆液不会出现逆流（不流向注浆管），确保囊袋一直处于膨胀状态。当注浆泵继续注浆时，两囊袋间钻孔内浆液压力升高，浆液会被挤压进入钻孔封孔段周边裂隙，充填钻孔周围裂隙，提高封孔效果。

2.4.2.3　封孔工艺

与传统聚氨酯封孔工艺相比，一体化囊袋式两堵一注封孔过程可控，钻孔封孔成功率高；封孔操作较为简单，易于掌握，劳动强度低。

一体化囊袋式两堵一注封孔过程分为三步：① 浆液进入囊袋，囊袋膨胀，形成堵头；② 注浆达到设定压力，爆破阀爆破，封堵封孔段；③ 随注浆压力继续增高，浆液进入钻孔周边裂隙，注浆泵停止工作，完成注浆。具体封孔过程如图 2-4-4 所示。

（1）扫孔。

钻孔成孔后，退出钻杆前，保持压风，前后多次移动钻杆，采用压风清扫钻孔，排除钻孔

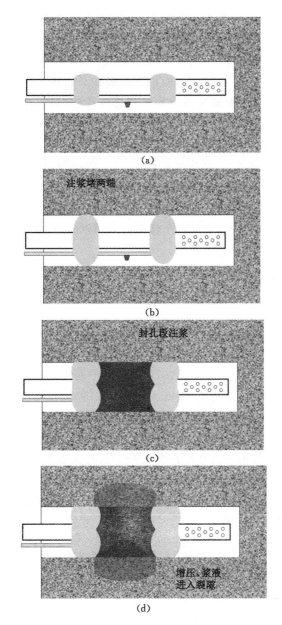

注浆堵两端

(a)

(b)

封孔段注浆

(c)

增压、浆液
进入裂隙

(d)

图 2-4-4　一体化囊袋式两堵一注装置注浆封孔过程

（a）下抽采管及封孔装置；（b）注浆囊袋膨胀；（c）封孔段注浆；（d）浆液进入钻孔周边裂隙

中残余煤（岩）细屑。

（2）连接抽采套管。

在巷道中按设计要求连接一定数量的瓦斯抽采花管和实管，一般 3 m 一根，根据煤层厚度及钻孔仰角，确定花管数量。煤孔段采用花管，岩孔段采用实管，连接前接口处必须涂抹密封胶，防止漏气。

（3）捆绑封孔装置。

根据设计的封孔参数，在抽采套管的实管段中一定位置捆绑封孔装置。一般捆绑时采用铁丝先捆绑里端囊袋,展开并理顺注浆管后,再用铁丝捆绑外端囊袋,两囊袋之间的注浆管可用透明胶将其与抽采套管固定,以便节省捆绑时间。外端囊袋以外的注浆管可不固定。

（4）下抽采套管及封孔装置。

将连接封孔装置的抽采管送入钻孔,要求里端囊袋尽量送入煤层底板位置。抽采套管进入钻孔设定位置后,可利用聚氨酯固定抽采套管与孔壁,防止抽采套管及封孔装置下窜伤人。

（5）注浆封孔。

向搅拌桶装入一定量的水后,再按水灰比 1.2∶1 的比例加入专用封孔材料,启动搅拌器,将浆液搅拌均匀。

利用专用快速接口将注浆泵出口与封孔装置注浆管相连,启动注浆泵开始注浆。注浆过程中注浆泵声音应表现为"快—慢—快—慢—停"的特征,当注浆压力达到设定压力,停泵后等待 1 min 左右,即可停止注浆。

（6）合茬抽采。

钻孔注浆 24 h 后,可以对抽采钻孔与瓦斯抽采管路进行合茬,抽采瓦斯。

2.4.3 钻孔封孔参数

《防治煤与瓦斯突出规定》第五十条规定:预抽瓦斯钻孔封堵必须严密。穿层钻孔的封孔段长度不得小于 5 m,顺层钻孔的封孔段长度不得小于 8 m。

《煤矿瓦斯抽放规范》(AQ 1027—2006)对封孔部分的规定为:孔口段围岩条件好,构造简单、孔口负压中等时,封孔长度可取 2～3 m。孔口段围岩裂隙较发育或孔口负压高时,封孔长度可取 4～6 m。煤壁开的钻孔,封孔长度可取 5～8 m。采用除聚氨酯外的其他材料封孔时,封孔段长度与封孔深度相等。聚氨酯封孔时,孔口段较完整封孔段长度 0.8 m,封孔深度 3～5 m;孔口段较破碎封孔段长度 1.0 m,封孔深度 4～6 m。

实际应用表明,现场按上述规定进行封孔时,在淮南矿区单孔抽采浓度低,难以满足生产需要。针对淮南矿区的具体情况,在关键保护层开展了关于顺层钻孔和穿层钻孔的封孔参数研究,详细参数如表 2-4-1 所列。

表 2-4-1　　　　　　　　　　　　预抽钻孔封孔参数试验情况

矿井	煤层	钻孔类型	封孔方法	封孔参数	备注
丁集矿	11 煤	穿层	聚氨酯一堵一注	孔口 20 m	
			囊袋两堵一注	孔底 20 m	
			囊袋两堵一注	孔底 10 m	
		顺层	囊袋两堵一注	孔口 20 m	
			囊袋两堵一注	孔口 25 m	
张集矿	11 煤	穿层	聚氨酯一堵多注	孔口至煤底板	
			两堵一注	0～20 m	
			囊袋式定点封孔	孔底 8 m	
		顺层	囊袋式两堵一注	0～15 m、0～18 m、0～20 m、0～25 m	

矿井	煤层	钻孔类型	封孔方法	封孔参数	备注
谢桥矿	6 煤	穿层	囊袋两堵一注	10～20 m	不同情况对比
			聚氨酯一堵多注	5～20 m	
				0～20 m	
		顺层	囊袋两堵一注	0～20 m	
			囊袋两堵一注	5～25 m	
顾北矿	6 煤	穿层	聚氨酯一堵一注	0～20 m	
顾桥矿	11 煤	穿层	定点单囊袋＋细抽采管	孔底 6 m	
			定点双囊袋＋细抽采管	孔底 20 m	
			定点双囊袋＋1 英寸抽采管	孔底 20 m	
			聚氨酯一堵一注＋1 英寸抽采管	孔口至煤底板	
潘三矿	11 煤	穿层	囊袋两堵一注	0～20 m	
		顺层	囊袋两堵一注	0～15 m、0～18 m、0～20 m	
朱集东矿	11 煤	穿层	囊袋式两堵多注	顶板至孔口	下向孔
		顺层	聚氨酯两堵一注	0～20 m	

2.4.4　封孔效果及分析

为对不同封孔方法瓦斯抽采效果进行对比,在同一地质单元内,分别采用囊袋式两堵一注封孔装置与聚氨酯封孔两种方式进行封孔。由于试验钻孔的孔口负压相差不大,且考虑到单孔抽采瓦斯量计量困难、误差大的特点,主要以钻孔抽采瓦斯浓度为指标进行比对分析。图 2-4-5 是囊袋式两堵一注封孔装置与聚氨酯封孔两种情况下瓦斯抽采效果对比情况,可以看出在其他参数相同的情况下,囊袋式两堵一注封孔效果要优于聚氨酯封孔。

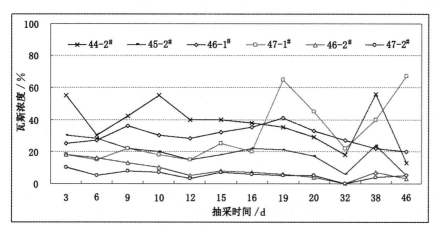

图 2-4-5　不同封孔方法瓦斯抽采效果对比

说明:44-2#、46-1# 和 47-1# 为改进型联动封孔装置＋新材料封孔;

45-2# 和 46-2# 为聚氨酯＋普通水泥封孔;47-2# 为聚氨酯分段封孔

2.4.4.1 穿层钻孔封孔效果

图 2-4-6 和图 2-4-7 分别是丁集矿和谢桥矿不同封孔参数下的瓦斯抽采纯量统计结果，统计结果如表 2-4-2 和表 2-4-3 所列。

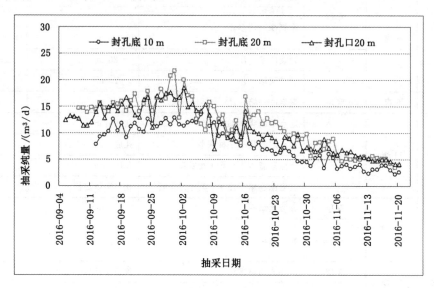

图 2-4-6 丁集矿 11 煤穿层钻孔不同封孔参数瓦斯抽采效果

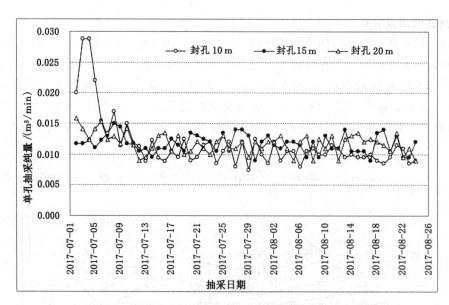

图 2-4-7 谢桥矿 6 煤穿层钻孔不同封孔参数瓦斯抽采效果

表 2-4-2 丁集矿 11 煤层穿层钻孔不同封孔参数瓦斯抽采效果表

封孔方法	平均瓦斯浓度/%	平均抽采混量/(m³/d)	平均抽采纯量/(m³/d)
封孔底 10 m	20.97	36.04	7.78
封孔底 20 m	29.27	38.40	11.41
封孔口 20 m	28.31	36.81	10.57

表 2-4-3　　　　　**谢桥矿 6 煤层底板穿层钻孔不同封孔参数瓦斯抽采效果表**

封孔方法	瓦斯浓度/%	单孔抽采混量/(m³/min)	单孔抽采纯量/(m³/min)
封孔 10 m	14.71	0.081 6	0.011 6
封孔 15 m	22.74	0.054 1	0.011 7
封孔 20 m	23.58	0.052 6	0.011 8

可以看出,同等抽采条件下,无论是 11 煤层还是 6 煤层,上向穿层钻孔封孔效果随着封孔长度的增加而提高,但是当封孔长度超到 15 m 后,其封孔效果提高不明显。

在试验地点的具体情况下,施工穿层钻孔的巷道存在松动裂隙圈,其值可以达到 3 m,穿层钻孔封孔时,若注浆压力满足不了要求,往往不能有效堵塞巷道松动裂隙圈。另外,煤矿井下的采动应力处于变化中,爆破、顶板垮落引起的动压变化往往会降低钻孔孔口的注浆封孔质量,导致巷道松动裂隙圈密闭质量难以持续保证。

更重要的是,穿层钻孔的底抽巷顶板均存在约 6~7 m 左右的砂岩,砂岩上覆为泥岩或砂质泥岩。实际上砂岩的致密性比较差,透水透气能力强,提高封孔质量需要封堵其裂隙,注浆压力达不到封堵微裂隙时,封孔质量也难以保证。因此,对封孔质量起关键因素的是砂岩上部的泥岩和(或)砂质泥岩,该类型的岩石具有较好的塑性,抵抗外界应力扰动的能力强,不易产生扰动裂隙,能够保持注浆封孔后的最初的质量。从考察情况看,当在该岩段的封孔长度超过 8 m 时,其密封质量可满足要求。

综上所述,穿层钻孔封孔质量的提高不是取决于封孔长度,而是取决于封孔位置。选择距离孔口一定距离的泥岩或(和)砂质泥岩进行封孔才是提高穿层钻孔封孔质量的关键。

2.4.4.2　顺层钻孔封孔效果

顺层钻孔封孔长度在不同矿试验的参数不同,总体试验范围为 0~25 m,试验结果如图 2-4-8~图 2-4-10 所示。

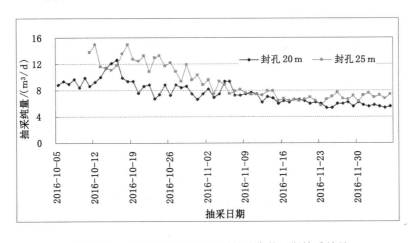

图 2-4-8　丁集矿顺层钻孔不同封孔参数瓦斯抽采效果

从测试结果看,顺层钻孔随着封孔长度的增加,瓦斯抽采纯量增加,抽采效果较好,但封孔范围超出 0~18 m 后,瓦斯抽采效果的提高不甚明显。自孔口往里封孔 25 m 与自孔口

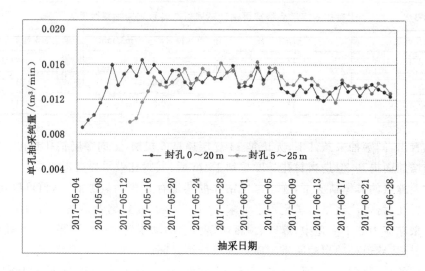

图 2-4-9 谢桥矿顺层两种不同封孔方式的单孔抽采纯量对比图

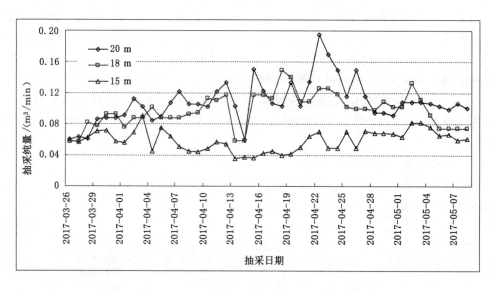

图 2-4-10 潘三矿不同封孔长度瓦斯抽采效果

往里封孔 20 m 相比,并不能明显地提高封孔效果。同时,封孔 0～20 m 和封孔 5～25 m 相比,瓦斯抽采效果也未有明显提高,说明孔深 20～25 m 范围的封孔未能发挥其封孔实质作用。

实际上,顺层钻孔封孔长度的增加,会降低有效抽采瓦斯的钻孔长度。过分强调增加封孔长度,不能明显增加封孔质量的同时增加了封孔的成本,总体上不经济。

从封孔参数与瓦斯抽采效果看,预想的穿层钻孔条带预抽破坏的距离巷帮 15 m 范围的区域并未完全破碎,或者说采用两堵一注封孔装置及方法能够有效封堵该区域的部分裂隙。

由此可见:顺层钻孔封孔范围为 5～18 m 的区域,即封孔长度为 13 m 即可满足顺层钻孔封孔质量要求;煤体较破碎时,可封堵 5～20 m。

2.5　小　　结

通过预抽钻孔封孔理论分析和现场实际研究,得出如下结论:

(1)研究发现顺层预抽钻孔有效封孔段在应力集中区较好。

(2)研究得到预抽钻孔密封效果随着注浆时间的延长而增高,随着注浆压力和浆液稠度的提高而增高。

(3)研究提出预抽钻孔采用囊袋式两堵一注钻孔密封方法,瓦斯抽采效果要优于聚氨酯+水泥浆封孔一堵一注方法。

(4)研究得到上向穿层钻孔封孔效果随着封孔长度的增加而提高,但是当封孔长度超过 15 m 后,其封孔效果提高不明显。穿层钻孔封孔质量的提高不是取决于封孔长度,而是取决于封孔位置。封堵钻孔内泥岩或(和)砂质泥岩段,是提高穿层钻孔封孔质量的关键。

(5)研究得到顺层预抽钻孔封孔范围为 5~20 m 的区域,即封孔长度为 15 m 即可满足顺层预抽钻孔封孔质量要求。

3 预抽钻孔有效抽采半径

3.1 钻孔周围煤体瓦斯分布特征

瓦斯抽采不仅是消除煤层突出危险性的有效手段之一,也是瓦斯气体变废为宝的主要技术方法。因煤层赋存条件,以及我国大部分矿区煤层低透气性的特点制约,井下钻孔抽采一直是煤矿瓦斯抽采的主要技术手段。钻孔抽采瓦斯时,在钻孔内形成负压,使得钻孔周围煤体内瓦斯在压力差作用下,逐渐解吸,并经钻孔排出煤体。随着距钻孔距离的增加,煤体瓦斯解吸程度逐渐降低,同时,随着时间的推移,钻孔周围煤体解吸瓦斯的范围逐渐扩大,在钻孔抽采影响范围内,煤层瓦斯含量(压力)会产生漏斗式下降特征,如图 3-1-1 所示。当抽采时间无限延长后,距离钻孔一定距离位置,钻孔负压对该部分煤体瓦斯将不再产生任何影响,此时钻孔对煤层瓦斯的抽采作用处于稳定状态,此距离为钻孔抽采瓦斯影响的极限距离,如图 3-1-1 所示。从图 3-1-1 看出,漏斗边缘区域煤层瓦斯含量(压力)已经接近原始值,钻孔抽采对其影响甚小,不足以消除煤层瓦斯灾害的危险,也不能有效实现该区域的瓦斯资源的合理抽采。因此,需要考虑多个钻孔进行联合抽采,使得钻孔抽采控制区域内的瓦斯含量(压力)下降至期望值以下,如图 3-1-2 所示。钻孔控制区域内的瓦斯含量(压力)下降与钻孔抽采负压、抽采时间和两钻孔间距有关。抽采负压与抽采设备及抽采管路系统有关,在实际应用中往往是个定值。因此,多钻孔联合抽采效果主要取决于抽采时间和钻孔间距。

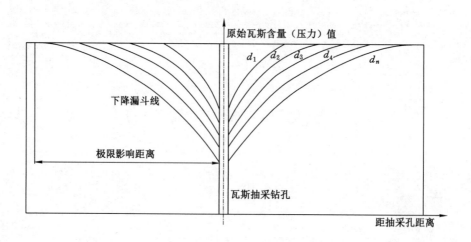

图 3-1-1　钻孔抽采不同时间下的瓦斯含量(压力)下降趋势图

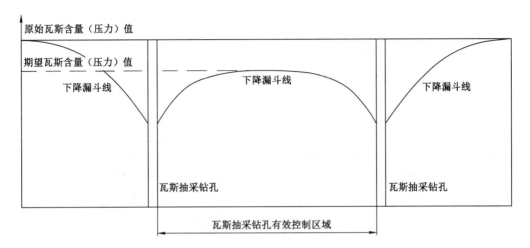

图 3-1-2 两钻孔联合抽采瓦斯含量(压力)下降趋势图

淮南矿业(集团)有限责任公司相关文件规定"钻孔抽采时间不小于 30 d"。由于瓦斯抽采时间影响着矿井采掘接替安排,现场需要利用最短的时间实现预期瓦斯抽采目标,因此,必须在 30 d 内将煤层瓦斯压力和瓦斯含量下降至预期值以下。在这一条件限定下,确定抽采钻孔的间距就成为矿井瓦斯治理实际工作中的关键参数。因此,当钻孔单孔抽采 30 d 后瓦斯含量(压力)下降漏斗线达到期望值时,该期望值所在位置距抽采钻孔中心的距离即为单孔抽采瓦斯有效半径。

根据单孔抽采瓦斯有效半径确定钻孔间距是钻孔布置的主要依据。而合理的钻孔间距是影响瓦斯抽采效果的重要参数,钻孔间距过大,易形成盲区;间距过小,增加钻孔施工工程量,造成钻孔资源的浪费。实际生产中,钻孔施工工程量大,成本高,工期长,在煤矿瓦斯治理成本中占比较高。煤层钻孔抽采瓦斯有效半径的确定,不仅涉及钻孔布置区域内的瓦斯抽采效果,同时也涉及矿井瓦斯治理的投入。因此,准确确定钻孔抽采瓦斯有效半径不仅有其重大的理论意义,也具有重要的实际价值。

3.2 钻孔抽采瓦斯的有效半径研究现状

钻孔抽采瓦斯有效半径一直是煤矿瓦斯治理研究中的关键参数,实际生产中,存在钻孔抽采瓦斯的影响半径和有效半径两种说法。影响半径是指在一定时间内,瓦斯含量(压力)下降的地点到抽采钻孔中心的距离;有效半径是指在一定时间内,在此范围内的瓦斯含量或瓦斯压力下降到安全容许值的范围之内。从实用角度出发,有效半径是工程实际关心的参数。当前研究钻孔的有效半径的方法主要有理论分析法、压降法、瓦斯流量法、示踪气体法、钻屑解吸指标法和数值模拟分析法等。

3.2.1 理论分析法

李晓运用钻孔周围煤层瓦斯流动的连续性方程、理想气体状态方程、气体运动方程和瓦斯含量方程,建立本煤层顺层钻孔周围瓦斯压力分布规律数学模型,通过测定不同钻孔深度的抽采负压,分析了孔深和抽采负压的数学关系,建立了钻孔周围瓦斯压力沿孔深的变化关系式,获得了瓦斯抽采钻孔周围有效抽采半径的分布规律。马耕基于煤层瓦斯流态,分别采用达西定律及煤层瓦斯压力、瓦斯压力梯度,得到了线性渗流区和低速非线性渗流区的抽采半径计算公式:$L=\dfrac{10^{-15}\rho\Delta Pk^{1.5}}{17.5\mu^2\phi^{1.5}Re}$ 和 $L=\dfrac{\Delta P}{\lambda}$。邹云龙认为抽采区域内钻孔抽采量等于该区域瓦斯含量下降量,建立了区域钻孔抽采半径的计算公式:$R=\dfrac{at^2+bt+c}{2H\rho(W-W_0)}$。王闯考虑抽采情况下钻孔瓦斯衰减规律与原始瓦斯含量之间的关系,以钻孔抽采率 η 指标为依据,得到有效抽采半径的计算公式。范超通过推测煤体地质强度因子 GSI 与煤层渗透率的关系,分析了 GSI 与瓦斯运移的关系,推导出有关 GSI 和抽采半径的公式,计算了瓦斯抽采半径。李子文根据瓦斯一维径向流动的微分方程,利用钻孔瓦斯抽采量与时间的指数函数关系,通过质量守恒及达西定律推导出钻孔抽采半径的计算式。余陶根据百米钻孔抽采瓦斯量随时间呈负指数关系,考虑钻孔控制区域内瓦斯抽采量与煤体瓦斯储量关系,依据抽采率获得钻孔有效抽采半径计算公式:$r<\sqrt{\dfrac{1\,440q_0(1-e^{-\beta})}{100\eta\rho W\pi\beta}}$。魏国营基于瓦斯钻孔衰减负指数规律建立钻孔瓦斯抽采模型,解算出吨煤瓦斯抽采量,得出煤层残存瓦斯含量 W_c 和抽采率 η,以瓦斯含量 $W_c\leqslant 8$ m³/t 且抽采率 $\eta\geqslant 30\%$ 为判据,判断钻孔瓦斯有效抽采半径。孙炳兴认为钻孔抽采瓦斯有效影响半径与煤层透气性系数、煤层原始瓦斯压力、抽采时间成正比关系,满足 $R=0.025\lambda P^{\alpha}T^{\beta}$ 关系,其中 α 和 β 是与瓦斯压力和抽采时间相关的常数,并根据这一关系式计算了乌兰煤矿的钻孔抽采瓦斯有效半径。

3.2.2　压降法

在钻孔抽采影响范围内,煤层的瓦斯压力会不断降低,根据这一原理,在抽采钻孔周边不同距离布置相应的压力测试钻孔,通过测试钻孔内瓦斯压力变化,结合距抽采孔的距离,即可确定该钻孔的有效抽采半径。该方法适用于具有煤层瓦斯压力测定条件的煤层,是比较常用的一种现场测定方法。张飞采用瓦斯压力相对变化率判定钻孔抽采范围,认为煤层瓦斯含量与瓦斯压力之间符合抛物线关系,以瓦斯含量下降 30% 反算压力下降应为 49% 定义为有效影响半径,测试了白坪矿二₁煤层钻孔的有效抽采半径。张旭东认为煤层内瓦斯压力被影响后降低至 0.74 MPa 以下时的这个距离被称为钻孔瓦斯抽采有效半径,并采用瓦斯压力降低法判定了钻孔抽采瓦斯有效半径。岳乾以瓦斯含量下降 30%,或者瓦斯压力下降 51% 为标准,确定有效抽采半径,采用瓦斯压力下降率测试钻孔有效抽采半径,并以瓦斯含量下降率进行了验证。张书进采用压降法测试了抽采半径,为消除测压孔间的相互影响,采用一抽一测法布置钻孔,提高了测试结果的可靠性。

3.2.3　瓦斯流量法

在抽采钻孔周围一定范围内,施工检验孔并测定检验孔钻孔瓦斯流量。在瓦斯抽采钻孔影响下,检验孔中的瓦斯流量会逐渐下降,通过测定钻孔瓦斯流量衰减规律,确定一定时间内钻孔累计抽采量、钻孔周围一定半径内需要抽采量(通过原始瓦斯含量与目标抽采残存瓦斯含量确定)的关系,计算出抽采达到有效影响的流量降低值,最终确定抽采钻孔的有效抽采半径。该方法适用于煤层钻孔瓦斯流量衰减较小的煤层。杨建安采用抽采钻孔周边钻孔单孔瓦斯衰减特性判定钻孔有效抽采半径,在抽采钻孔周边不同距离处布置瓦斯涌出观测钻孔,若观测孔瓦斯自然涌出量衰减连续 4 次超过 10% 或涌出量变为负值,则此钻孔与抽采钻孔之间的距离即为与此段抽采时间对应的有效影响抽采半径。

3.2.4 示踪气体法

示踪气体法是先在煤层中施工一个注气孔,再在注气孔周围一定距离施工一组抽采孔(兼检验孔),抽采孔联网抽采时,在注气孔中一次性注入一定量的 SF_6 气体,在抽采负压作用下,SF_6 气体向抽采孔移动并流出。利用 SF_6 气体体积分数和检知度极低的特点,间隔一定时间在各抽采孔中采样检测是否有 SF_6 气体存在,判断该抽采孔是否在影响范围之内,据此确定抽采钻孔的影响半径。示踪气体法测出的是影响半径,而非有效半径。

3.2.5 钻屑解吸指标法

钻屑解吸法的原理是认为钻孔抽采瓦斯后,钻孔周围一定范围内的煤体瓦斯解吸特征发生改变,突出危险性降低,通过检测距离抽采钻孔不同距离处的钻孔瓦斯解吸指标值判定是否降至突出危险值以下,由此确定有效抽采半径。陈彝龙采用钻屑瓦斯解吸指标 Δh_2,通过实验分析瓦斯抽采周围煤体的瓦斯流场规律,以降至消突指标值为判据,确定钻孔瓦斯抽采有效影响半径。

3.2.6 数值模拟法

数值模拟法是将待研究煤层的基本情况转化成可分析数学模型,采用计算机模拟钻孔抽采,确定钻孔抽采瓦斯的有效影响半径,根据采用的数学模型和计算软件的不同而有差异。陈辉认为钻孔抽采半径随时间的关系式满足 $r=At^B$,利用 SF_6 示踪法和 COMSOL 模拟分析,确定了 A 和 B 参数,获得钻孔抽采半径与时间的关系式。崔崇斌以固气耦合理论为基础,采用数值模拟方法,以压力下降低于 0.74 MPa 为依据,确定了马兰矿瓦斯抽采钻孔有效抽采半径。舒龙勇根据瓦斯压力和瓦斯含量之间的关系,考虑不可解吸瓦斯含量,反算残余瓦斯压力,根据钻孔径向瓦斯压力分布数学模型,采用 COMSOL 计算了钻孔不同抽采时间下的有效抽采半径。鲁义等通过煤层瓦斯渗流场控制方程、煤体孔隙率和渗透率耦合方程及煤层变形场控制方程,建立了钻孔抽采条件下瓦斯渗流固气耦合数学模型,采用数值模拟计算方法,得出顺层瓦斯抽采钻孔的抽采半径。

3.2.7 抽采半径测算存在的问题

已有的钻孔抽采半径测算方法为确定钻孔间距、布置煤层抽采瓦斯钻孔提供了理论依据,解决了生产中面临的重要问题,但是各种方法各有其适用条件。理论分析法主要以煤层瓦斯储量、钻孔抽采瓦斯量以及钻孔周围煤层瓦斯分布特征为基础,是理想地质条件下的方法,不适用于各实际矿井间不一的地质条件。压降法测试是现场应用较为广泛的方法,但其操作往往面临很多难题:一是部分煤层受地质特征和封孔操作的限制,压力往往测不准,而且易受采动影响,封孔不严,导致测试结果发生偏差;二是很多煤层顶底板含水,导致实测瓦斯压力偏离真实值较大,抽采后压力表示值变化情况难以表达真实抽采效果;三是因巷道条件限制而采用下向钻孔测压时,瓦斯压力测试结果误差大。示踪气体法是以检测到示踪气体为准,测试结果只能表达钻孔抽采瓦斯影响区域,不能直接反映钻孔周围煤体瓦斯被抽采的程度,即体现不了钻孔一定范围内瓦斯抽采的"有效性",因而不能体现"有效抽采半径"的概念。钻屑瓦斯解吸指标法是依据煤层消突原理进行的,其测试结果不能直接从煤层瓦斯的变化上体现钻孔抽采的效果,但可以作为间接指标进行验证。数值模拟法是很多高校和科研单位偏重的方法,由于其计算理论较为复杂,且其结果的准确性容易受到质疑,模拟结果不太易于被现场接受。

即便如此,目前钻孔抽采半径的结果也会因煤层埋深的变化而变化,同时,钻孔抽采瓦斯后,钻孔周围煤体透气性系数会发生相应变化,煤层瓦斯解吸规律也会随位置的不同而变化,不同地点这一特征是否一致也难以确定,这些都是目前确定钻孔有效抽采半径面临的难题。

综上所述,钻孔抽采瓦斯有效半径的确定是非常复杂的,无论是理论推算还是实测结果,在具体应用时,均需要考虑获得该参数的前提条件;对已有结果进行推广应用时,也要考虑到两者煤层条件和瓦斯地质条件等基础参数的可比性。

3.3 有效抽采半径的确定

钻孔抽采瓦斯后,受影响区域内,何种情况为有效,关键是看瓦斯抽采的主要目的,以及实现瓦斯抽采目的的指标参数,这也是当前文献内存在不同有效抽采半径定义的根本原因。

3.3.1 有效抽采半径的定义

钻孔抽采瓦斯除了实现瓦斯资源的开采,更主要的是实现煤矿的安全开采,主要体现在消除了煤层的突出危险性,降低通风巷道回风流瓦斯浓度。因而,定义抽采瓦斯的钻孔有效抽采半径可以从以下两个方面进行考虑。

3.3.1.1 消除煤与瓦斯突出为目的

(1)《防治煤与瓦斯突出规定》规定:煤层残余瓦斯压力小于0.74 MPa或残余瓦斯含量小于8 m^3/t。

(2)《防治煤与瓦斯突出规定》规定:揭煤或巷道掘进采用的综合指标D和K值、钻屑指标、R值指标等指标值在规定范围内。

(3)《煤矿安全规程》规定:首采区煤与瓦斯突出煤层瓦斯预抽率大于30%。

3.3.1.2 以通风为目的

《煤矿安全规程》规定:任一采煤工作面绝对瓦斯涌出量不大于5 m^3/min,或者任一掘进工作面绝对瓦斯涌出量不大于3 m^3/min。

各矿业集团公司结合本单位的具体情况,对上述规定进行了细化,从而导致界定钻孔实现瓦斯抽采的有效半径的定义存在一定的差异。淮南矿业(集团)有限责任公司从消除煤层的煤与瓦斯突出危险性角度出发,界定有效抽采半径如下:

(1)煤层残余瓦斯压力小于0.74 MPa,且残余瓦斯含量小于8 m^3/t。

(2)煤层瓦斯预抽率:煤层原始瓦斯含量4 m^3/t以下的预抽率不小于15%,4～6 m^3/t的预抽率不小于25%,6 m^3/t以上的预抽率不小于35%(主要考虑煤巷掘进及采煤工作面防治煤与瓦斯突出,不考虑井巷揭煤)。

3.3.2 有效抽采半径的测算方法

尽管当前对煤层瓦斯抽采钻孔的有效半径进行了大量的研究,但这些方法在使用中均存在一定的局限性。为指导煤矿安全生产,钻孔有效抽采半径应该具有科学性和应用价值,因此,主要采用现场直接考察瓦斯含量的下降和瓦斯压力的下降的方法判定有效半径。

3.3.2.1 瓦斯压力下降法

根据煤体中受钻孔抽采后煤层瓦斯压力降低情况判断钻孔抽采影响区域,测试钻孔的施工和封孔压力依据行业标准《煤矿井下煤层瓦斯压力的直接测定方法》(AQ/T 1047—2007)进行,为获得准确测试结果,采用分组测试方法。

单组测试钻孔布置如图 3-3-1 所示,在钻孔施工巷道内沿巷道轴向布置若干钻孔,其中1 个抽采孔,其余为压力测试钻孔。施工时,依次施工抽采钻孔和测试钻孔后,在测试钻孔内安装压力表,封孔,测压,具体按照 AQ/T 1047—2007 执行;在抽采钻孔预埋瓦斯抽采管、封孔后暂不进行瓦斯抽采。待测试孔压力表读值稳定后,抽采孔连接抽采系统开始抽采瓦斯,同时记录各测试孔压力表读数,直至抽采 30 d 后。

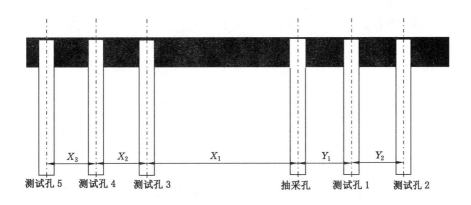

图 3-3-1　压降法钻孔抽采半径测试布置示意图

X,Y——钻孔间距离,可依据煤层条件确定

根据测试孔压力表读数下降值判断测试孔是否在钻孔有效抽采范围之内。

3.3.2.2　瓦斯含量下降法

钻孔抽采瓦斯后,钻孔抽采煤体瓦斯含量将会发生变化,其变化量会因其距离抽采钻孔的远近而不同,靠近抽采钻孔瓦斯含量下降大,远离抽采钻孔瓦斯含量下降小。当抽采钻孔抽采一定时间后,在距抽采钻孔不同距离的煤体中采用直接法测试煤层瓦斯含量[依据《煤层瓦斯含量井下直接测定方法》(GB/T 23250—2009)],将测试值与该区域煤体原始煤层瓦斯含量进行比较,当某点的瓦斯含量下降至规定值时,则认为该点距离抽采钻孔的距离即为钻孔的有效抽采半径。

由于煤层瓦斯压力测试难度大,尤其是顺层钻孔煤层瓦斯压力往往很难测准,采用瓦斯含量能较好地实现顺层钻孔的有效抽采半径的确定。

3.3.3　有效抽采半径判定标准

3.3.3.1　瓦斯含量下降法

钻孔有效抽采半径的测试,采用瓦斯含量下降法进行时,可以直接参考淮南矿业(集团)有限责任公司 2 号文《关于强化瓦斯治理"一通三防"工作的意见》中瓦斯抽采要求进行,即煤层原始瓦斯含量 4 m^3/t 以下的预抽率不小于 15%,4~6 m^3/t 的预抽率不小于 25%,6 m^3/t 以上的预抽率不小于 35%。由此,有效抽采半径可直接按瓦斯含量下降率进行界定。

3.3.3.2　瓦斯压力下降法

当采用瓦斯压力下降法测算钻孔有效抽采半径时,目前对此没有明确的规定值。根据修正的朗缪尔方程,将瓦斯压力的相关测试结果转换成瓦斯含量进行分析:

$$X = \frac{abp}{1+bp} \times \frac{100 - A_{ad} - M_{ad}}{100} \times \frac{1}{1+0.31 M_{ad}} + \frac{10Kp}{\gamma} \qquad (3\text{-}3\text{-}1)$$

式中　X——煤层瓦斯含量,m^3/t;

　　　a——吸附常数,实验温度下的极限吸附量,m^3/t;

　　　b——吸附常数,$1/MPa$;

　　　p——煤层绝对瓦斯压力,MPa;

　　　A_{ad}——煤的灰分,%;

　　　M_{ad}——煤的水分,%;

　　　K——煤的孔隙体积,m^3/m^3;

　　　γ——煤的视密度,t/m^3。

以不同瓦斯含量基础上的瓦斯抽采率的规定,可转化为其对应的瓦斯压力相应需要的压降率,具体做法如下:

(1) 现场测试原始煤层瓦斯压力 p_{xi}。

(2) 采集压力测试点附近煤样,带入实验室,进行工业分析和瓦斯吸附实验。

(3) 将原始煤层瓦斯压力 p_{xi} 以及测试地点的煤样的工业分析及瓦斯吸附实验结果代入式(3-3-1),求得煤层原始瓦斯含量。

(4) 根据瓦斯含量测试结果,按 3.3.1 有效抽采半径的定义,计算符合要求后的理论残余瓦斯含量。

(5) 将理论残余瓦斯含量代入式(3-3-1),计算抽采达标后的理论瓦斯压力 p_{yi}。

(6) 比较测试钻孔在抽采 30 d 后瓦斯压力 p_{ci} 是否降至抽采达标后的理论瓦斯压力 p_{yi}:当 $p_{ci} < p_{yi}$ 时,该测试孔与抽采孔间的距离在有效抽采半径之内;当 $p_{ci} > p_{yi}$ 时,该测试孔与抽采孔间的距离在有效抽采半径之外;当 $p_{ci} = p_{yi}$ 时,对应的测试钻孔位置即为钻孔抽采 30 d 的有效抽采半径。

3.4　淮南矿区关键保护层钻孔有效抽采半径

为获得淮南矿业(集团)有限责任公司关键保护层瓦斯治理的钻孔抽采半径,在朱集东矿、顾桥矿、顾北矿、丁集矿、潘三矿、谢桥矿和张集矿等 7 对矿井的关键保护煤层开展钻孔有效抽采半径的现场实测研究。

3.4.1　顺层预抽钻孔有效抽采半径

3.4.1.1　谢桥矿 6 煤层

顺层孔抽采半径测试的地点定于 13516 上平巷上帮,该巷道长 1 175 m,断面为直角梯形,宽×高＝5 m×3 m,巷道断面 15 m²,采用锚网支护,如图 3-4-1 所示。试验区域为距离13516 出煤联巷 187~583 m 范围,沿煤层走向共计 396 m,该区域构造相对较小,是较为完整的实体煤区域。

测试钻孔垂直巷帮,平行煤层,开孔点距离巷道底板 1.5 m。布置 5 组测试钻孔,如图3-4-2 所示,每组 5 个钻孔,中间为抽采孔,两侧为考察孔。第一组抽采孔两侧的测试孔各有2 个,距离抽采孔距离分别是 5 m 和 3 m;第二组和第三组抽采孔两侧的测试孔距离抽采孔距离都是 3.5 m、4.5 m 和 4 m 和 5 m。

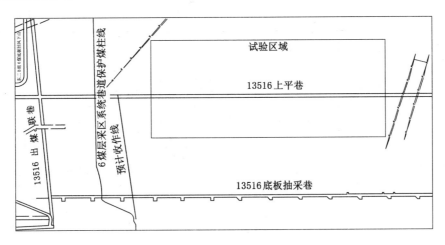

图 3-4-1　谢桥矿 6 煤层顺层钻孔抽采半径测试区域图(单位:m)

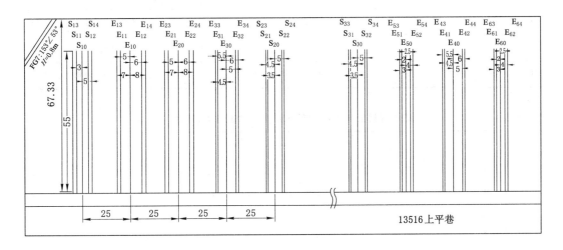

图 3-4-2　谢桥矿 6 煤层顺层钻孔布置图

钻孔施工记录如表 3-4-1 所列。顺层钻孔抽采瓦斯含量测试结果如表 3-4-2 所列,以抽采孔测试瓦斯含量为原始瓦斯含量,30 d 抽采后其周围煤体瓦斯含量下降率如表 3-4-3 所列。

表 3-4-1　　　　　　　　　　　谢桥矿 6 煤层抽采钻孔实际参数表

孔号	方位角/(°)	倾角/(°)	孔深/m	见煤情况	封　　孔
S_{10}	0	12	55.5	全煤	1.5 英寸套管 12 m,1 英寸套管 51 m,水泥 2 袋
S_{11}	0	13	55.5	全煤	1.5 英寸套管 10 m,1 英寸套管 18 m,囊袋 1 套,膨胀水泥 2 袋
S_{12}	0	13	56	全煤	1.5 英寸套管 15 m,1 英寸套管 52 m,囊袋 1 套,膨胀水泥 3 袋
S_{13}	0	13	56	全煤	1.5 英寸套管 15 m,1 英寸套管 54 m,囊袋 1 套,膨胀水泥 2 袋

孔号	方位角 /(°)	倾角 /(°)	孔深 /m	见煤情况	封　孔
S_{14}	0	13	56	全煤	1.5 英寸套管 15 m,1 英寸套管 56 m,囊袋 1 套,膨胀水泥 3 袋
S_{20}	0	10	56	0～51.2 m 为煤	1.5 英寸套管 12 m,1 英寸套管 50 m,水泥 3 袋
S_{21}	0	13	55.5	0～33 m 为煤	1.5 英寸套管 15 m,1 英寸套管 52 m,囊袋 1 套,膨胀水泥 3 袋
S_{22}	0	13	55.5	0～52 m 为煤	1.5 英寸套管 12 m,1 英寸套管 48 m,囊袋 1 套,膨胀水泥 3 袋
S_{23}	0	12	55.5	0～36.8 m 为煤	1.5 英寸套管 15 m,1 英寸套管 50 m,囊袋 1 套,膨胀水泥 3 袋
S_{24}	0	13	55.5	0～52.7 m 为煤	1.5 英寸套管 15 m,1 英寸套管 50 m,囊袋 1 套,膨胀水泥 3 袋
S_{30}	0	12	56	全煤	1.5 英寸套管 15 m,1 英寸套管 54 m,水泥 2 袋
S_{31}	0	12	55.5	全煤	1.5 英寸套管 15 m,1 英寸套管 50 m,囊袋 1 套,膨胀水泥 3 袋
S_{32}	0	12	57	全煤	1.5 英寸套管 15 m,1 英寸套管 52 m,囊袋 1 套,膨胀水泥 3 袋
S_{33}	0	12	55.6	0～39 m 为煤	1.5 英寸套管 15 m,1 英寸套管 52 m,囊袋 1 套,膨胀水泥 3 袋
S_{34}	0	12	56	0～29.2 m 为煤	1.5 英寸套管 15 m,1 英寸套管 50 m,囊袋 1 套,膨胀水泥 3 袋

表 3-4-2　　　　谢桥矿 6 煤层顺层钻孔抽采瓦斯含量测试结果表(抽采 30 d)

组别	孔号	不同孔深瓦斯含量/(m^3/t)					距抽采孔距离 /m
		15 m	25 m	35 m	45 m	均值	
第一组	S_{10}	5.5	5.8	5.8	5.8	5.73	抽采孔
	S_{11}	3	3.5	3.6	3.5	3.40	3
	S_{12}	3.9	3.5	4.1	3.8	3.83	5
	S_{13}	3.8	3.8	4.1	3.8	3.88	5
	S_{14}	3.2	3.7	3.6	3.7	3.55	3
第二组	S_{20}	5.1	5.8	5.5	5.8	5.55	抽采孔
	S_{21}	3.1	3.5	3.2	—	3.27	3.5
	S_{22}	3.3	3.6	3.5	3.7	3.53	4
	S_{23}	3	3.5	3.4	—	3.3	4.5
	S_{24}	4.9	5.1	5	5.2	5.05	5
第三组	S_{30}	5.2	5.4	5.7	5.7	5.50	抽采孔
	S_{31}	3.2	4	3.5	3.6	3.58	3.5
	S_{32}	3.5	3.3	3.3	3.5	3.40	4
	S_{33}	3.8	2.9	3.5	3.5	3.43	4.5
	S_{34}	4.5	4.8	4.6	4.7	4.65	5

说明:"—"表示该位置未能成功取样测试瓦斯含量。

表 3-4-3　谢桥矿 6 煤层顺层钻孔周围煤体瓦斯含量下降率(抽采 30 d)

组别	孔号	不同孔深瓦斯含量下降率/%					距抽采孔距离 /m
		15 m	25 m	35 m	45 m	均值	
第一组	S_{11}	45.45	39.66	37.93	39.66	40.66	3
	S_{12}	29.09	39.66	29.31	34.48	33.16	5
	S_{13}	30.91	34.48	29.31	34.48	32.29	5
	S_{14}	41.82	36.21	37.93	36.21	38.05	3
第二组	S_{21}	39.22	39.66	41.82	—	41.14	3.5
	S_{22}	35.29	37.93	36.36	36.21	36.49	4
	S_{23}	41.18	39.66	38.18	—	40.54	4.5
	S_{24}	3.92	12.07	9.09	10.34	9.01	5
第三组	S_{31}	38.46	25.93	38.6	36.84	35	3.5
	S_{32}	32.69	38.89	42.11	38.6	38.18	4
	S_{33}	26.92	46.3	38.6	38.6	37.73	4.5
	S_{34}	13.46	11.11	19.3	17.54	15.45	5

测试区域煤层原始瓦斯含量约 5.2~5.8 m³/t,经 30 d 抽采后,距离抽采钻孔不同位置的煤体瓦斯含量出现了不同程度的下降,距抽采孔越近,下降幅度越大;距离抽采孔越远,下降幅度越小。这种残余煤层瓦斯含量的分布特性是钻孔抽采后,对其周围煤体瓦斯含量影响的典型特征,依据表 3-4-3 数据,距离抽采孔距离不同,瓦斯含量下降率不同。

根据有效抽采半径判定标准,则谢桥矿 6 煤层顺层钻孔在使用囊袋式两堵一注、抽采负压在 13~18 kPa 左右时,抽采 30 d 的有效抽采半径为 4.5 m。

3.4.1.2　张集矿 11 煤层

张集矿 11-2 煤层顺层钻孔抽采瓦斯有效半径测试地点选择在 1414(1)运输平巷,为测试顺层钻孔抽采半径,共布置了 4 组测试孔,1 组校验孔,如图 3-4-3 所示,第一组抽采孔距 Y38 测量点 7.88 m,第四组距离 Y38 测量点 118.88 m,该区域无断层,是理想的测试地点。

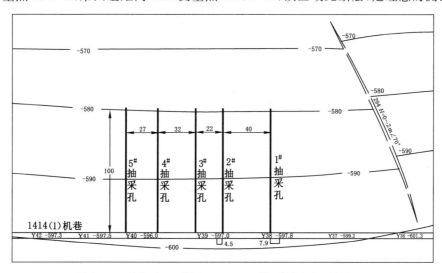

图 3-4-3　张集矿 11 煤层 1414(1)运输平巷测试区域平面图

采用煤层瓦斯含量降低法进行测试，煤层瓦斯含量依据《煤层瓦斯含量井下直接测定方法》(GB/T 23250—2009)测定。抽采孔和测试孔均垂直巷帮，抽采孔的参数如表 3-4-4 所列。

表 3-4-4　　　　　　　　　　　　　张集矿 11 煤层抽采孔参数

钻孔编号	设计孔深 /m	孔深 /m	孔径 /mm	开孔方位角 /(°)	开孔倾角 /(°)	封孔长度 /m	下管深度 /m
S_{10}	70	70	120	90	9	20	70
S_{20}	70	70	120	90	9	20	66
S_{30}	70	70	120	90	11	20	70
S_{40}	70	70	120	90	11	20	70

抽采钻孔抽采瓦斯 30 d 数据如表 3-4-5 所列。经 30 d 抽采后，施工测试孔，抽采孔和测试孔的煤层瓦斯含量测试结果如表 3-4-6 所列，其顺层钻孔周围煤体瓦斯含量下降率如表 3-4-7 所列。

表 3-4-5　　　　　　　　　　　　张集矿 11 煤层顺层钻孔抽采数据表

日期	S_{10} 负压 /kPa	S_{10} 浓度 /%	S_{20} 负压 /kPa	S_{20} 浓度 /%	日期	S_{30} 负压 /kPa	S_{30} 浓度 /%	S_{40} 负压 /kPa	S_{40} 浓度 /%
2016-08-03	32.13	27.8	31.73	82.1	2016-11-14	24.12	41.8	23.99	43.2
2016-08-04	31.46	27.3	31.59	82.3	2016-11-15	23.21	41.2	23.32	42.4
2016-08-05	31.73	27.2	31.99	82.2	2016-11-16	21.49	43.5	21.47	44.6
2016-08-06	31.73	27.4	32.13	81.5	2016-11-17	15.46	46.2	15.33	40.1
2016-08-07	31.59	26.5	32.39	81.9	2016-11-18	16.45	48.6	16.54	48.6
2016-08-08	31.99	26.4	31.73	80.8	2016-11-19	17.43	48.4	17.53	49.7
2016-08-09	32.13	26.1	31.59	80.2	2016-11-20	16.28	52.8	16.78	47.5
2016-08-10	32.39	26.4	32.13	79.5	2016-11-21	17.89	58.8	17.48	57.5
2016-08-11	31.99	25.3	31.46	78.9	2016-11-22	18.43	57.3	18.38	69.5
2016-08-12	31.73	25.4	31.73	78.7	2016-11-23	18.52	62.4	18.14	65.7
2016-08-13	31.59	25.5	31.73	78.1	2016-11-24	18.66	68.4	18.53	72.6
2016-08-14	31.46	25.1	31.59	77.3	2016-11-25	18.65	64.3	17.90	70.4
2016-08-15	32.13	24.8	31.99	77.8	2016-11-26	16.54	68.4	18.32	68.7
2016-08-16	31.86	25.3	32.13	77.6	2016-11-27	17.58	62.1	18.68	67.3
2016-08-17	31.86	24.7	31.73	77.2	2016-11-28	18.26	62.5	18.39	69.4

续表 3-4-5

日期	S$_{10}$		S$_{20}$		日期	S$_{30}$		S$_{40}$	
	负压/kPa	浓度/%	负压/kPa	浓度/%		负压/kPa	浓度/%	负压/kPa	浓度/%
2016-08-18	32.13	24.2	31.86	76.4	2016-11-29	15.33	82.8	15.46	80.6
2016-08-19	31.73	23.5	32.39	76.8	2016-11-30	20.56	80.4	18.48	84.3
2016-08-20	31.86	22.7	32.66	76.3	2016-12-01	22.12	76.2	21.99	86.4
2016-08-21	32.39	21.6	32.13	75.6	2016-12-02	21.06	87.2	20.79	92.0
2016-08-22	32.66	20.9	31.99	75.4	2016-12-03	19.99	82.4	20.13	88.6
2016-08-23	32.13	19.7	32.26	74.8	2016-12-04	20.26	79.4	19.99	83.6
2016-08-24	31.33	18.5	31.99	74.2	2016-12-05	20.39	70.2	20.26	79.6
2016-08-25	32.26	17.8	31.73	73.9	2016-12-06	19.33	72.2	19.19	76.4
2016-08-26	31.99	17.7	32.13	73.4	2016-12-07	18.26	76.4	18.26	79.6
2016-08-27	31.73	17.3	31.73	73.2	2016-12-08	18.93	73.0	18.93	75.2
2016-08-28	31.86	17.5	31.86	72.4	2016-12-09	14.66	79.4	14.39	78.2
2016-08-29	31.86	17.6	31.99	72.4	2016-12-10	17.33	74.4	17.33	75.2
2016-08-31	31.73	17.6	31.86	72.5	2016-12-11	13.86	82.8	14.13	88.4
2016-09-01	31.59	17.2	32.13	72.8	2016-12-12	17.99	78.4	17.99	84.6
2016-09-02	31.33	17.4	31.73	72.6	2016-12-13	16.43	77.4	15.37	84.5
2016-09-03	32.13	17.6	31.86	72.4	2016-12-14	14.26	76.2	14.13	86.5

表 3-4-6   张集矿 11 煤层顺层钻孔瓦斯含量测试结果(抽采 30 d)

组别	孔号	不同孔深瓦斯含量/(m^3/t)					距抽采孔距离/m	备注
		30 m	40 m	50 m	60 m	均值		
第一组	S$_{10}$	4.38	4.15	4.28	4.05	4.22	抽采孔	
	S$_{11}$	4.23	4.26	4.2	4.03	4.18	5	无效孔
	S$_{12}$	3.78	3.73	4.03	3.95	3.87	3	无效孔
第二组	S$_{20}$	4.09	4.18	4.1	4.08	4.11	抽采孔	
	S$_{21}$	3.27	3.38	3.35	3.45	3.36	5	未达标
	S$_{22}$	3.03	—	—	3.32	3.18	5	未达标
	S$_{23}$	2.61	—	—	2.7	2.66	4.3	达标
第三组	S$_{30}$	4.42		4.2	4.25	4.29	抽采孔	
	S$_{31}$	3.28		3.35	3.39	3.34	5	未达标
	S$_{32}$	2.97		3.06	—	3.02	4.5	达标
第四组	S$_{40}$	4.64	—	4.75	4.8	4.73	抽采孔	
	S$_{41}$	3.42	—	—	3.79	3.61	5	未达标
	S$_{42}$	3.04	—	—	3.33	3.19	4.5	达标

注:表中"—"是因现场煤样罐有限,未进行瓦斯含量测试。

表 3-4-7　　　　　张集矿 11 煤层顺层钻孔周围煤体瓦斯含量下降率(抽采 30 d)

组别	孔号	不同孔深瓦斯含量下降率/%					距抽采孔距离 /m	备注
		30 m	40 m	50 m	60 m	均值		
第一组	S_{11}	3.42	−2.65	1.87	0.49	0.78	5	无效孔
	S_{12}	13.70	10.12	5.84	2.47	8.03	3	无效孔
第二组	S_{21}	20.05	19.14	18.29	15.44	18.23	5	未达标
	S_{22}	25.92	—	—	18.63	22.28	5	未达标
	S_{23}	36.19	—	—	33.82	35.01	4.3	达标
第三组	S_{31}	25.79	—	20.24	20.24	22.09	5	未达标
	S_{32}	32.81	—	27.14	—	29.98	4.5	达标
第四组	S_{41}	26.29	—	—	21.04	23.67	5	未达标
	S_{42}	34.48	—	—	30.63	32.56	4.5	达标

从表 3-4-5 顺层钻孔 S_{10} 和 S_{20} 抽采情况看,在抽采负压基本相同的情况下,钻孔 S_{10} 抽采平均浓度 22.6% 远远小于钻孔 S_{20} 抽采平均浓度 76.8%,S_{10} 封孔深度 20 m,S_{20} 封孔深度 18 m,结果表明 S_{10} 抽采孔封孔效果不佳,S_{20} 封孔质量好。根据抽采孔 S_{30} 和 S_{40} 的瓦斯抽采浓度均高于 70% 的结果,说明 S_{30} 和 S_{40} 封孔质量好。

从表 3-4-6 和表 3-4-7 看出,与抽采孔原始瓦斯含量相比较,经过 30 d 的抽采,观测孔 S_{21}、S_{22} 和 S_{23} 不同深度的瓦斯含量都有不同程度的变化,说明抽采孔抽采 30 d 后,抽采孔影响范围在 5 m 范围内。比较测试孔不同深度瓦斯含量下降率可知,煤层瓦斯含量沿深度逐渐加大,瓦斯含量变化量逐渐减小,下降率逐渐下降,说明张集矿 11 煤层全程下护孔套管采用两堵一注封孔方式,封孔深度 20 m 情况下,抽采孔在负压作用下,首先抽采孔口附近的瓦斯,然后逐渐向孔底延伸。测试孔 S_{23} 与抽采孔 S_{20} 相距 4.3 m,测试孔 S_{21} 与抽采孔 S_{20} 相距 5 m,同一深度情况下,抽采 30 d,相距 4.3 m 测试孔瓦斯含量减少量大于相距 5 m 测试孔瓦斯含量减少量,瓦斯含量下降率也较大,说明顺层钻孔对抽采钻孔周围煤体瓦斯的抽采作用特征是,越靠近抽采钻孔,煤体瓦斯含量下降越大。

S_{21} 的下降率达到了 18.23%,明显高于 S_{11} 的下降率(仅为 0.78%),而 S_{11} 与 S_{21} 距抽采孔的距离都是 5 m,因此也可判断抽采孔 S_{20} 的封孔效果比 S_{10} 要好。从 S_{23} 和 S_{22} 测试结果比较可知,距离 2# 抽采孔 5 m 处的瓦斯含量下降率为 22.28%,而距离 2# 抽采孔 4.3 m 处的瓦斯含量下降率达 35.01%,因此,可判定瓦斯抽采有效半径在 4.0～5.0 m 范围内。

根据 3# 抽采孔的测试结果,距离 S_{30} 为 5.0 m 的测试孔 S_{31} 瓦斯含量平均下降率为 22.01%,而距离 S_{30} 为 4.5 m 的测试孔 S_{32} 瓦斯含量平均下降率达到 29.98%,说明有效抽采半径达到 4.5 m,所以判定瓦斯抽采有效半径在 4.5～5.0 m 范围内。

根据 4# 抽采校验孔测试验证结果,在 S_{40} 左、右侧距离分别为 5.0 m、4.5 m 处的测试孔 S_{41} 和 S_{42} 的瓦斯平均含量下降率分别为 23.67% 和 32.56%,由此可验证该工作面顺层钻孔瓦斯抽采半径为 4.5～5.0 m。

3.4.1.3　潘三煤矿 11 煤层

潘三煤矿顺层钻孔测试地点选择在 17102(1)工作面运输平巷,该工作面 11-2 煤层总体呈单斜状,北高南低,煤层产状 200°～230°∠4°～9°,平均 7°。11-2 煤为粉末状,含较多块状煤,断口不平,属半暗～半亮型煤,煤厚0～3.5 m,均厚1.7 m。11-2煤直接顶板为砂质泥岩过渡为粉砂岩,基本顶为中细砂岩。17102(1)工作面运输平巷测试地点如图3-4-4所示。

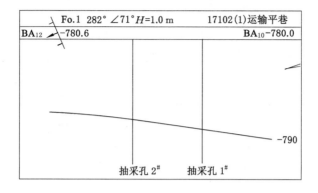

图 3-4-4　潘三煤矿顺层钻孔有效抽采半径测试地点示意图

抽采孔和测试孔均垂直巷帮,钻孔开孔地点和仰角以力求保证钻孔在煤层内为准。抽采孔布置如图3-4-4所示,S_{10}抽采孔距离地测点BA_{10}为24 m,S_{20}抽采孔距离地测点BA_{12}为40 m,两个抽采孔相距30 m。钻孔施工至30 m、40 m、50 m和60 m处时,分别采用直接法测试煤层瓦斯含量。抽采钻孔的参数如表3-4-8所列,钻孔封孔深度26 m,抽采钻孔抽采瓦斯负压和浓度如表3-4-9所列。

表 3-4-8　　　　　　　　　潘三煤矿11煤层抽采钻孔布置参数

钻孔编号	设计孔深/m	孔深/m	孔径/mm	开孔方位角/(°)	开孔倾角/(°)	封孔长度/m	下管深度/m
S_{10}	70	71.4	113	90	−3	20	54
S_{20}	70	77.0	113	90	−3	20	70

表 3-4-9　　　　　　　　　潘三煤矿11煤层抽采钻孔抽采数据

日期	S_{10}		S_{20}	
	负压/kPa	浓度/%	负压/kPa	浓度/%
2016-07-03	20.1	56	20.1	52
2016-07-04	21.6	68	21.8	62
2016-07-05	23.4	84	23.4	62
2016-07-06	23.3	84	23.3	62
2016-07-07	23.2	79	23.4	72
2016-07-08	22.0	77	22.0	71
2016-07-09	22.1	85	22.1	70
2016-07-10	22.4	78	22.1	70
2016-07-11	22.0	74	22.0	69
2016-07-12	22.1	73	22.1	68

日期	S_{10}		S_{20}	
	负压/kPa	浓度/%	负压/kPa	浓度/%
2016-07-13	21.7	75	21.7	68
2016-07-14	22.8	73	22.5	67
2016-07-15	19.1	62	19.1	68
2016-07-16	21.9	68	21.9	68
2016-07-17	18.9	68	18.6	67
2016-07-18	18.1	66	18.1	66
2016-07-19	21.7	63	21.7	67
2016-07-20	20.5	53	20.8	66
2016-07-21	19.4	77	19.4	66
2016-07-22	19.7	78	19.7	65
2016-07-23	20.1	78	20.1	65
2016-07-24	19.3	84	19.3	65
2016-07-25	20.3	81	20.3	67
2016-07-26	20.7	83	20.5	63
2016-07-27	20.4	85	20.4	64
2016-07-28	20.6	80	20.6	62
2016-07-29	20.6	74	20.8	63
2016-07-30	20.4	74	20.3	63
2016-07-31	20.3	78	20.3	64
2016-08-01	20.0	79	20.0	63

　　抽采孔抽采 30 d 后施工测试孔,测试孔布置如图 3-4-5 所示,测试含量原始数据如表 3-4-10 所列,对表 3-4-10 中各个测试孔在钻孔不同深度煤样的总瓦斯含量进行比较,结果如表 3-4-11 所列。

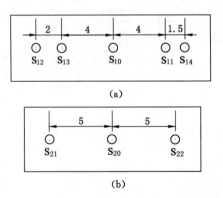

图 3-4-5　潘三煤矿 11 煤层顺层钻孔测试孔布置示意图(单位:m)

(a) 第一组;(b) 第二组

表3-4-10　潘三矿11煤顺层钻孔瓦斯含量测试原始数据

钻孔编号	取煤样深度/m	取样日期	井下测定				实验室测定						测定结果						备注
			取芯开始时间	取芯结束时间	解吸开始时间	井下解吸量/mL	实验室解吸量/mL	第一份煤样		第二份煤样		W_1	W_2	W_3	解吸量W_a	不可解吸量W_c	瓦斯含量W	
								质量/g	解吸量/mL	质量/g	解吸量/mL	/(m³/t)	/(m³/t)	/(m³/t)	/(m³/t)	/(m³/t)	/(m³/t)	
S_{10}	30	2016-06-27	15:32:20	15:33:25	15:34:15	156	90	100	350	100	340	0.28	0.36	3.14	3.79	0.94	4.73	抽采孔
	40	2016-06-27	15:51:28	15:52:40	15:53:21	306	110	100	360	100	350	0.51	0.63	3.23	4.37	0.94	5.31	抽采孔
	50	2016-06-27	16:18:32	16:19:40	16:20:30	148	100	100	340	100	350	0.25	0.37	3.14	3.76	0.94	4.70	抽采孔
	60	2016-06-27	16:40:38	16:41:44	16:42:36	150	140	100	360	100	370	0.27	0.41	3.32	4.00	0.94	4.94	抽采孔
S_{20}	30	2016-06-26	18:04:23	18:07:11	18:08:10	72	120	100	320	100	330	0.13	0.28	3.96	4.36	0.94	5.30	抽采孔
	40	2016-06-26	18:28:22	18:29:10	18:30:14	76	330	100	380	100	370	0.01	0.47	3.41	3.89	0.94	4.83	抽采孔
	50	2016-06-26	19:01:29	19:02:32	19:03:20	124	140	100	360	100	370	0.22	0.38	3.32	3.93	0.94	4.87	抽采孔
	60	2016-06-26	19:24:19	19:25:19	19:26:13	180	210	100	380	100	370	0.40	0.55	3.41	4.36	0.94	5.30	抽采孔
S_{11}	30	2016-08-05	16:10:15	16:11:00	16:12:40	166	210	100	128	100	132	0.27	0.54	1.18	1.99	0.94	2.93	距S_{10}抽采孔4 m
	40	2016-08-05	16:45:20	16:45:55	16:46:40	154	182	100	86	100	80	0.25	0.47	0.75	1.47	0.94	2.41	
	50	2016-08-05	17:20:30	17:21:50	17:22:40	62	360	100	132	100	130	0.06	0.59	1.18	1.83	0.94	2.77	
	60	2016-08-05	18:05:20	18:06:20	18:07:10	84	160	100	120	100	122	0.06	0.35	1.10	1.50	0.94	2.44	
S_{12}	30	2016-08-06	13:23:59	13:24:18	13:26:50	204	190	100	330	100	340	0.40	0.58	3.03	4.01	0.94	4.96	距S_{10}抽采孔6 m
	40	2016-08-06	13:59:58	14:01:45	14:02:30	122	300	100	370	100	360	0.24	0.60	3.31	4.15	0.94	5.09	
	50	2016-08-06	14:36:13	14:36:58	14:37:13	50	100	100	330	100	320	0.11	0.21	2.95	3.27	0.94	4.21	
	60	2016-08-06	15:11:25	15:12:43	15:14:50	272	200	100	380	100	370	0.63	0.69	3.40	4.72	0.94	5.66	
S_{13}	30	2016-08-07	8:30:40	8:33:10	8:34:00	90	30	100	100	100	110	0.19	0.18	0.94	1.31	0.94	2.26	距S_{10}抽采孔4 m
	40	2016-08-07	9:16:01	9:19:30	9:20:10	10	30	100	140	100	150	0.06	0.06	1.31	1.42	0.94	2.37	
	50	2016-08-07	10:01:24	10:04:00	10:05:00	88	20	100	130	100	130	0.20	0.17	1.17	1.53	0.94	2.48	
	60	2016-08-07	10:12:38	10:15:16	10:16:00	10	30	100	140	100	150	0.06	0.06	1.31	1.42	0.94	2.37	

续表 3-4-10

钻孔编号	取煤样深度/m	取样日期	井下测定				实验室测定					W_1 /(m³/t)	W_2 /(m³/t)	W_3 /(m³/t)	测定结果			备注
			取芯开始时间	取芯结束时间	解吸开始时间	井下解吸量/mL	实验室解吸量/mL	第一份煤样		第二份煤样					解吸量 W_a/(m³/t)	不可解吸量 W_c/(m³/t)	瓦斯含量 W/(m³/t)	
								质量/g	解吸量/mL	质量/g	解吸量/mL							
S₁₄	30	2016-08-08	12:19:54	12:20:37	12:22:02	116	100	100	230	100	220	0.21	0.32	2.44	2.96	0.94	3.90	距 S₁₀ 抽采孔 5.5 m
	40	2016-08-08	14:31:05	14:32:18	14:33:52	140	50	100	220	100	210	0.35	0.28	2.35	2.98	0.94	3.92	
	50	2016-08-08	15:21:35	15:22:58	15:23:45	176	70	100	220	100	210	0.37	0.35	2.55	3.28	0.94	4.22	
	60	2016-08-08	15:51:24	15:52:52	15:54:10	110	80	100	210	100	220	0.41	0.28	2.95	3.64	0.94	4.58	
S₂₁	30	2016-08-09	11:31:05	11:32:50	11:35:02	36	30	100	140	100	130	0.08	0.10	2.22	2.40	0.94	3.34	距 S₂₀ 抽采孔 5.0 m
	40	2016-08-09	11:48:05	11:50:02	11:51:56	46	80	100	180	100	190	0.04	0.18	2.28	2.49	0.94	3.43	
	50	2016-08-09	12:26:10	12:28:50	12:30:02	54	100	100	200	100	210	0.10	0.22	2.36	2.68	0.94	3.62	
	60	2016-08-09	13:06:12	13:08:10	13:09:50	60	60	100	200	100	190	0.06	0.18	2.67	2.91	0.94	3.85	
S₂₂	30	2016-08-10	11:12:08	11:13:36	11:14:10	84	30	100	160	100	150	0.16	0.17	2.01	2.35	0.94	3.29	距 S₂₀ 抽采孔 5.0 m
	40	2016-08-10	11:48:48	11:49:55	11:50:10	122	40	100	160	100	170	0.21	0.24	2.10	2.55	0.94	3.49	

表 3-4-11　　　　　　潘三矿 11 煤层顺层钻孔抽采半径测算结果

组别	孔号	不同孔深瓦斯含量/(m³/t)				平均瓦斯含量/(m³/t)	平均瓦斯压力/MPa	平均抽采率/%	是否达标	钻孔说明
		30 m	40 m	50 m	60 m					
第一组	S_{10}	4.73	5.31	4.70	4.94	4.92	0.80			1# 抽采孔
	S_{11}	2.93	2.41	2.77	2.44	2.64	0.33	46.39	达标	距 S_{10} 孔 4 m
	S_{12}	4.96	5.09	4.21	5.66	4.98	0.82	−1.22	未达标	距 S_{10} 孔 6 m
	S_{13}	2.26	2.37	2.48	2.37	2.37	0.30	51.83	达标	距 S_{10} 孔 4 m
	S_{14}	3.9	3.92	4.22	4.58	4.16	0.61	15.55	未达标	距 S_{10} 孔 5.5 m
第二组	S_{20}	4.30	4.83	4.87	5.30	4.83	0.78			2# 抽采孔
	S_{21}	3.34	3.43	3.62	3.85	3.56	0.35	26.22	达标	距 S_{20} 孔 5.0 m
	S_{22}	3.29	3.49	打钻见岩		3.39	0.34	29.74	达标	距 S_{20} 孔 5.0 m

从表 3-4-11 可知,在考察的范围内,测试孔的瓦斯含量都出现了不同程度的下降,距抽采孔 S_{10} 在 4 m 范围内瓦斯含量下降率达到了 46.4% 以上,而距 S_{10} 为 5.5 m 处的瓦斯含量下降率为 15.55%,可判断钻孔瓦斯抽采有效半径在 4~5.5 m 之间。而根据抽采孔 S_{20} 进行效验可知,在 S_{20} 左、右两侧 5.0 m 处的瓦斯含量下降率分别为 26.22% 和 29.74%,因此可判断此次所测 17102(1) 运输平巷顺层钻孔瓦斯抽采 30 d 的有效半径为 5.0 m。

3.4.1.4　朱集东矿 11 煤层

朱集东矿 11-2 煤层顺层钻孔抽采瓦斯有效半径测试地点选择在东一南盘回风大巷中,如图 3-4-6 所示,1122(1) 进风平巷与回风平巷之间,距离 1122(1) 回风平巷约 15~159 m 范围内。

受东一南盘回风大巷条件的限制,第二次在 1222(1) 下平巷进行了顺层钻孔抽采瓦斯影响范围测试,测试钻孔布置如图 3-4-7 所示。

钻孔布置如图 3-4-6 和图 3-4-7 所示,抽采钻孔和测试钻孔均垂直巷帮,钻孔开孔地点和仰角以力求保证钻孔在煤层内为准。各钻孔施工过程中,分别于 20 m、30 m、40 m、50 m、60 m 和 70 m 处采用直接法测试煤层瓦斯含量。

抽采钻孔封孔深度 20 m。钻孔施工与测试结果如表 3-4-12 和表 3-4-13 所列。从测试结果看,东一南盘回风大巷 S_{30}、S_{40} 和 S_{50} 测试结果不是很理想,经 30 d 抽采后,其周围 4 m 范围内观测点瓦斯含量下降幅度不到 15%;而 S_{10} 和 S_{60},包括第二次测试的 B_{10} 和 B_{20} 这 4 组瓦斯含量测试结果相对较好,距抽采孔 5 m 范围内的观测点的瓦斯含量下降幅度超过了 25%,其中 S_{20} 这一组测试点的瓦斯含量下降幅度甚至达到了 45%。

从表 3-4-13 可以看出,不同抽采孔周围瓦斯含量下降幅度不同的主要原因与抽采孔本身抽采的瓦斯浓度有很大关系。东一南盘回风大巷的 6 组测试孔中,各组抽采孔孔口负压基本相当,但 S_{20} 和 S_{60} 钻孔抽采的瓦斯浓度明显高于其他 4 组抽采钻孔,S_{20} 抽采 30 d 时间内瓦斯浓度基本超过了 70%。同样,第二次测试的 B_{10} 和 B_{20} 抽采超过 50% 高浓度瓦斯也维持 10 d 左右。但是 S_{30}、S_{40} 和 S_{50} 抽采的 30 d 内,孔口浓度基本不超过 10%。孔口瓦斯浓度不高与钻孔密封有很大关系,在钻孔密封不严的情况下,分析其抽采半径,其结果显然不准确,因此,判定钻孔抽采范围时,不能采用 S_{30}、S_{40} 和 S_{50} 这 3 组钻孔数据。

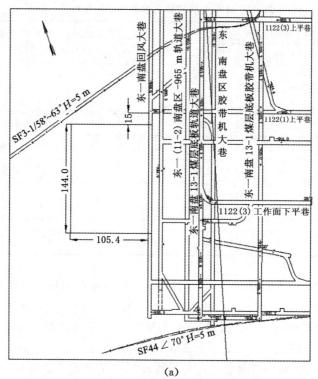

(a)

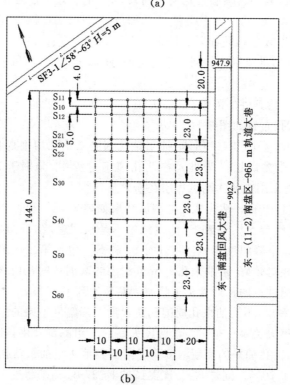

(b)

图 3-4-6　第一次顺层钻孔抽采半径测试地点及钻孔布置图
(a) 顺层钻孔测试地点；(b) 钻孔布置

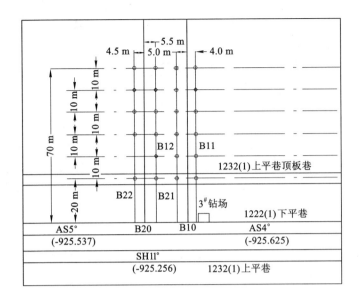

图 3-4-7 第二次顺层钻孔抽采半径测试地点及钻孔布置图

将 S_{10}、S_{20}、S_{60}、B_{10} 和 B_{20} 这 5 组测试结果绘制成图 3-4-8,可看出,距离抽采钻孔越远,瓦斯含量下降率越低。对测试离散点进行趋势拟合,明显看出,趋势线随着距离抽采孔距离的增大,瓦斯含量下降率逐渐下降,当距离抽采孔 5 m 后,瓦斯含量下降率接近其极限。可以认为,顺层钻孔抽采有效半径为 5 m。

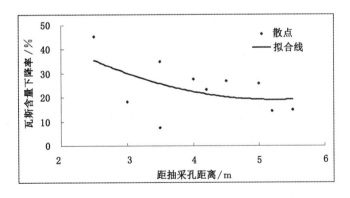

图 3-4-8 距抽采孔不同距离点瓦斯含量下降率

3.4.1.5 顾北煤矿 6 煤层

顾北煤矿于 2016 年 7 月 28 日进行顺层钻孔抽采影响范围试验,测试地点位于 13126 胶带机平巷回风联巷,如图 3-4-9 所示。

13126 胶带机平巷回风联巷位于井底车场的南侧,巷道标高平均为 -666.8 m。2016 年 7 月 28 日至 7 月 30 日施工了 3 个抽采孔:K_{40}、K_{50} 和 K_{60},其中 K_{60} 钻孔施工后见岩,无效。对 K_{40} 和 K_{50} 取煤样测得原始瓦斯含量,测试结果如表 3-4-14 所列。

顾北矿顺层钻孔于 2016 年 7 月 31 日开始抽采,抽采 30 d 后开始施工考察孔,共计施工

表 3-4-12　朱集东矿顺层钻孔抽采范围测算结果（一）

孔号	施工日期	抽采日期	抽采负压/kPa	瓦斯含量/(m³/t)							下降率/%	距抽采孔距离/m
				20 m	30 m	40 m	50 m	60 m	70 m	均值		
S_{10}	2016-06-03	2016-06-08	16.65	4.726 1	4.708 0	4.882 9	4.876 4	4.591 7	4.658 3	4.740 6		
S_{11}	2016-07-09			4.404 2	3.392 6	3.271 3	4.112 1	3.819 7	4.222 9	3.870 5	18.35	3
S_{12}	2016-07-09			4.409 7	4.242 2	4.288 9	4.721 7	4.267 1	4.384 4	4.385 7	7.49	3.5
S_{20}	2016-06-04	2016-06-09	16.69	4.489 0	4.416 8	4.628 4	4.728 1	4.655 3	4.470 4	4.564 7		
S_{21}	2016-07-11			2.386 8	2.209 1	2.601 5	2.548 0	2.299 2	2.923 8	2.494 7	45.35	2.5
S_{22}	2016-07-13			3.212 7	2.957 5	2.179 7	2.886 0	2.757 7	3.796 2	2.965 0	35.05	3.5
S_{30}	2016-06-05	2016-06-10	16.68	4.766 1	4.653 7	4.696 2	4.510 2	4.439 5	4.611 6	4.612 9		
S_{31}	2016-07-14			4.172 1	4.239 1	4.314 5	3.315 8	4.063 8	3.379 3	3.914 1	15.15	3
S_{32}	2016-07-15			4.060 5	3.975 2	3.898 2	4.087 0	4.082 3	3.945 6	4.008 1	13.11	3
S_{40}	2016-06-06	2016-06-11	16.74	4.569 7	4.562 7	4.517 4	4.680 5	4.646 7	4.776 5	4.625 6		
S_{41}	2016-07-16			4.556 6	3.607 7	3.408 0	3.861 5	4.284 8	4.145 1	3.977 3	14.02	3
S_{42}	2016-07-16			3.990 9	3.859 1	4.261 8	4.134 5	4.147 0	3.994 1	4.064 6	12.13	3
S_{50}	2016-06-07	2016-06-11	16.56	4.600 2	4.661 6	4.534 1	4.583 8	4.413 9	4.534 0	4.554 6		
S_{51}	2016-07-17			4.062 6	4.272 6	3.965 6	4.133 8	3.894 3	4.061 3	4.065 0	10.75	3.5
S_{52}	2016-07-17			4.204 5	4.647 5	4.245 4	4.196 7	4.187 8	4.211 9	4.282 3	5.98	4
S_{60}	2016-06-07	2016-06-13	16.89	4.318 5	4.480 9	4.514 9	4.458 8	4.606 8	4.287 7	4.444 6		
S_{61}	2016-07-18			3.453 0	3.410 5	3.297 8	3.550 0	3.725 1	3.028 1	3.410 8	23.26	4.2
S_{62}	2016-07-18			3.669 6	4.237 6	4.026 6	4.244 0	4.498 7	3.868 9	4.090 9	7.96	4.1
S_{60-2}	2016-07-18			3.539 1	3.955 3	3.917 8	3.954 1	4.101 6	3.335 0	3.800 5	14.49	5.2
B_{10}	2016-10-31	2016-11-01	19.1	3.698 8	4.017 8	4.210 0	4.877 0	4.619 2	4.549 0	4.328 6		
B_{11}	2016-12-02			2.590 6	3.055 5	2.687 2	3.619 2	3.495 0	3.368 7	3.136 0	27.55	4
B_{12}	2016-12-02			2.723 2	2.845 0	3.114 6	3.799 9	3.480 5	3.307 3	3.211 8	25.8	5
B_{20}	2016-11-02	2016-11-03	18.5	3.519 9	3.816 1	3.994 6	4.758 5	4.745 8	4.570 1	4.234 2		
B_{21}	2016-12-03			2.821 2	3.027 8	3.431 0	4.030 8	4.242 0	4.032 5	3.597 6	15.04	5.5
B_{22}	2016-12-04			2.526 5	2.811 1	2.906 8	3.303 5	3.523 9	3.497 7	3.094 9	26.9	4.5

表 3-4-13　朱集东矿顺层钻孔抽采范围测试结果（二）

时间	孔板 浓度/%	负压/kPa	混量/(m³/min)	纯量/(m³/min)	S₁₀ 浓度/%	负压/kPa	S₂₀ 浓度/%	负压/kPa	S₃₀ 浓度/%	负压/kPa	S₄₀ 浓度/%	负压/kPa	S₅₀ 浓度/%	负压/kPa	S₆₀ 浓度/%	负压/kPa
2016-06-08					2	16.2										
2016-06-09	5	16	0.89	0.044	75.2	16.9	98.2	16.9								
2016-06-10	14.8	16.3	1.01	0.15	67.2	16	80	16	3.2	16						
2016-06-11	13	15.4	1.08	0.14	95	16.3	97.8	16.3	1	16.3	98	16.3				
2016-06-12	8.4	15.2	1.14	0.09	91	15.4	97.5	15.4	1	15.4	23.6	15.4	81.5	15.4		
2016-06-13	6	15.9	1.1	0.066	90.2	15.2	97.6	15.2	1	15.2	15	15.2	27.8	15.2	98	15.2
2016-06-14	5.4	17.3	1.06	0.057	81.6	15.9	94	15.9	0.8	15.9	16	15.9	10	15.9	85	15.9
2016-06-15	6.2	17.2	1.03	0.064	78.8	17.1	96.6	17.1	1.2	16.9	6.8	17.1	5.4	16.9	60	16.9
2016-06-16	6	17.2	1	0.064	82.6	17.2	99.1	17.2	1.4	17.1	5.3	17.1	5	17	47.9	17
2016-06-17	6.6	17.5	1.04	0.069	83.4	17.2	99.5	17.2	1.6	17.2	5.2	17.1	5	17	48.6	17
2016-06-18	8	17.3	0.98	0.078	86.4	17.5	98.3	17.5	5	17.5	2	17.4	86	17.4	60	17.2
2016-06-19	7.3	16.9	1	0.069	91.5	17.3	96	17.3	5.7	17.3	3.8	17.3	85.7	17.1	44.9	17.2
2016-06-20	5.6	17	0.99	0.072	83.5	16.9	95	16.9	5.9	16.8	3.9	16.8	84.6	16.8	43.6	16.8
2016-06-21	5.2	17.2	0.92	0.057	65	17	94	17	6	17	4.6	17	53.6	17	40	17
2016-06-22	3.4	16.5	0.98	0.057	46.2	17.1	72	17.1	4	17.1	5	17.1	6	17.1	39	17.1
2016-06-23	3.4	17	1.08	0.037	51	16.3	63.9	16.3	2.2	16.3	4.7	16.2	4.5	16.3	42.2	16.3
2016-06-24	2	16.8	1.05	0.021	50.8	17	76.2	17	1	17	4.8	17	3.4	10	39.8	17
2016-06-25	2	16.8	1.05	0.021	47.6	16.7	70	16.7	0.8	16.7	3.4	16.7	1.5	16.7	36	16.7
2016-06-26	2.3	16.7	1.02	0.025	47.2	16.7	69	16.7	1	16.7	3.5	16.7	1.4	16.7	35.2	16.7
2016-06-27	2.5	16.7	1.02	0.025	45.2	16.7	67.6	16.7	1.2	16.7	4.6	16.7	1.8	16.7	34.4	16.7
2016-06-28					44.7	16.7	66.2	16.7	1.5	16.5	5.2	16.7	1.5	16.7	37.8	16.7

时间	B₁₀ 浓度/%	负压/kPa	B₂₀ 浓度/%	负压/kPa
2016-11-01	78.6	15.6		
2016-11-02	70.5	15.3		
2016-11-03	66.3	14.6	65	14.6
2016-11-04	60.7	15.2	60	15.3
2016-11-05	53.2	15.6	66	15.6
2016-11-06	50.9	16.2	53	16.2
2016-11-07	45.3	15.3	45	15.3
2016-11-08	40.6	14.5	35	14.3
2016-11-09	33.7	14.0	28	13.9
2016-11-10	7	16.5	10	16.5
2016-11-11	6	22.6	8	22.6
2016-11-12	6.5	23	9.6	23
2016-11-13	6.2	23.2	8.6	23.2
2016-11-14	6	23.2	9	23.2
2016-11-15	5.6	23.1	8.8	23.1
2016-11-16	4	23.3	8.4	23.3
2016-11-17	6.2	23.5	7.2	23.5
2016-11-18	5.6	23.7	8.2	23.6
2016-11-19	7.7	23.5	8.5	23.4
2016-11-20	5	23.5	5.3	23.4
2016-11-21	5.5	23.8	6.4	23.7

续表 3-4-13

时间	孔板				S_{10}		S_{20}		S_{30}		S_{40}		S_{50}		S_{60}	
	浓度/%	负压/kPa	混量/(m³/min)	纯量/(m³/min)	浓度/%	负压/kPa	浓度/%	负压/kPa	浓度/%	负压/kPa	浓度/%	负压/kPa	浓度/%	负压/kPa	浓度/%	负压/kPa
2016-06-29	2.6	16.8	1.02	0.027	47.2	16.8	65.4	16.8	1.4	16.7	5.7	16.6	1.2	16.6	37.6	16.6
2016-06-30	2.4	16.7	1.01	0.024	40	16.7	85.4	16.7	1.2	16.5	4.6	16.6	3.2	16.6	24	16.7
2016-07-01	2.6	16.5	1.02	0.025	38.6	16.5	80	16.5	1.2	16.5	5.2	16.5	4.2	16.5	26.4	16.5
2016-07-02	2.4	16.8	0.97	0.023	39	16.7	89.2	16.7	1	16.7	2	16.7	1.2	16.7	30	16.7
2016-07-03	3	17	0.92	0.028	38.6	16.9	91.5	16.9	1	16.9	3.2	16.9	2	16.9	30	16.9
2016-07-04	2.8	16.9	0.93	0.026	40	16.8	87.4	16.8	1.4	16.9	4	16.8	2.4	16.8	37.4	16.8
2016-07-05	3	16.2	0.93	0.028	43.2	16.2	90	16.2	1.4	16.1	4	16.2	1.8	16.2	40	16.2
2016-07-06	3.2	16.9	0.92	0.028	40	16.8	90	16.8	1.3	16.8	4	16.8	1.8	16.8	38	16.8
2016-07-07	3.8	16.9	0.88	0.034	37.3	16.7	91.6	16.7	1.2	16.8	3.1	16.7	1	16.7	27.5	16.7
2016-07-08	3.3	17.7	0.99	0.036	停抽	16.65	92	17.5	1.3	17.5	3.4	17.5	0.9	17.4	27	17.4
2016-07-09	3.1	17.6	0.94	0.029	停抽		停抽	16.69	1.4	17.6	3.9	17.6	1.5	17.6	30	17.5
2016-07-10	6	17.6	0.86	0.052	停抽		停抽		停抽	16.68	4.3	17.6	1.2	17.6	38.4	17.5
2016-07-11	4.5	18.6	0.23	0.011	停抽		停抽		停抽		停抽	16.74	2	18.5	17.8	18.5
2016-07-12	5.2	19.8	0.16	0.009	停抽		停抽		停抽		停抽		停抽	16.56	17.2	18.5
2016-07-13	停抽				停抽		停抽		停抽		停抽		停抽		停抽	16.89

时间	B_{10}		B_{20}	
	浓度/%	负压/kPa	浓度/%	负压/kPa
2016-11-22	5.8	23.5	5	23.5
2016-11-23	5.8	23.5	5	23.5
2016-11-24				
2016-11-25	5	21.6	5.2	21.3
2016-11-26	5	20.3	5.2	20
2016-11-27	4	16.3	10.2	16.3
2016-11-28	4.8	16	5	16
2016-11-29	5	14.6	10.6	14.6
2016-11-30	5	14.5	5.2	14.5
2016-12-01	5.2	13.8	5.5	13.8
2016-12-02	关闭		5	13.6
2016-12-03			关闭	

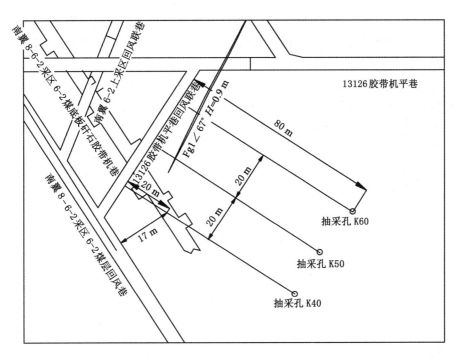

图 3-4-9　顾北矿 6 煤层顺层钻孔抽采半径试验钻孔布置图

4 个考察孔,并在抽采孔对应的孔深位置取煤样测得残存瓦斯含量,测试结果如表 3-4-14 所列。

表 3-4-14　　　　　　　　　　　顾北矿顺层钻孔抽采半径试验参数及结果表

孔号	施工日期	抽采日期	方位角/(°)	倾角/(°)	终孔深/m	半径/m	瓦斯含量/(m³/t)					下降率/%
							20 m	30 m	40 m	50 m	均值	
K_{40}	2016-07-30	2016-07-31	90	7	80		3.23	4.12	4.57	4.66	4.15	
K_{41}	2016-09-18		90	7	80	3.0	1.27	1.62	1.77	1.80	1.62	61.0
K_{42}	2016-09-19		90	7	80	3.5	2.35	3.10	3.15		3.03	26.8
K_{50}	2016-07-27	2016-07-28	90	7	80		3.50	4.68			4.09	
K_{51}	2016-09-20		90	7	80	4.0	2.19	3.84			3.01	26.3
K_{52}	2016-09-21		90	7	80	4.5	2.26	3.90			3.08	24.6

由表 3-4-14 可以看出,在抽采 30 d 后,距离抽采孔 4.0 m 以内处测得的残存瓦斯含量下降率都超过 25%,因此可以判定顾北矿 13126 胶带机平巷回风联巷顺层钻孔抽采有效半径为 4.0 m。

3.4.1.6　顾桥煤矿 11 煤层

顾桥矿顺层钻孔抽采半径测试地点是 1125(1)运输平巷,该区域 11-2 煤层赋存较稳定,黑色,以块状为主,含少量粉末状,含 1~2 层泥岩夹矸。揭露 11-2 煤层厚度 1.40~5.10 m,平均厚度 2.90 m,受断层等影响煤层厚度变化比较大,使工作面出现煤层变薄区。煤层结构复杂。煤层正常倾角 10°~30°,受断层和褶曲等构造影响煤层倾角变化较大,局部反倾。

巷道后期煤岩层产状较大,倾角达到 $70°\sim80°$。直接顶:约 4.85 m 的泥岩、11-3 煤层;基本顶:约 12.20 m 的细砂岩、中砂岩;直接底:约 4.20 m 的泥岩、11-1 煤层;基本底:约 5.90 m 的泥岩、粉砂岩。如图 3-4-10 所示。

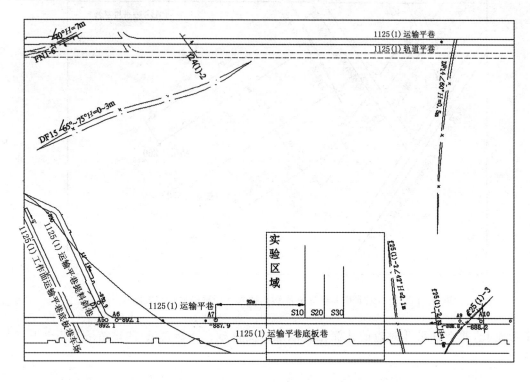

图 3-4-10　顾桥煤矿 11 煤层顺层钻孔测试布置图

顺层孔抽采孔于 2016 年 7 月 11 日施工完毕,测试煤层瓦斯含量,测试结果如表 3-4-15 所列。抽采孔抽采 30 d 后,施工测试孔,煤层瓦斯含量测试结果如表 3-4-15 所列。

表 3-4-15　　　　　　　顾桥煤矿 11 煤层顺层孔抽采半径测试参数与结果

孔号	施工日期	抽采日期	方位角/(°)	倾角/(°)	终孔深/m	半径/m	瓦斯含量/(m³/t)					下降率/%
							30 m	40 m	50 m	70 m	均值	
K_{10}	2016-07-09	2016-07-11	270	5.0	72.0		3.13	3.24	3.49	3.73	3.40	
K_{11}	2016-09-23		270	5.0	78.0	4.0	3.34	3.46	3.59	3.35	3.43	−1.1
K_{12}	2016-09-24		270	5.0	71.5	5.0	3.50	3.45	3.38	3.65	3.49	−2.8
K_{20}	2016-07-10	2016-07-11	270	4.5	48.0		3.24	3.41			3.33	
K_{21}	2016-09-25		270	4.5	45.0	3.5	3.10	2.84			2.97	10.8
K_{22}	2016-09-26		270	4.5	40.0	4.0	3.16	3.23			3.19	3.9
K_{30}	2016-07-10	2016-07-11	270	3.0	52.5		3.20	3.56			3.38	
K_{31}	2016-09-27		270	3.0	41.5	3.0	2.47	2.45			2.46	27.2
K_{32}	2016-09-30		270	3.0	45.0	2.5	2.02	2.15			2.08	38.4

由表 3-4-15 可以看出,在抽采 30 d 后,距离抽采孔 3.0 m 处测得的残存瓦斯含量下降率为 27.2%,距离抽采孔 2.5 m 的测试孔瓦斯含量下降率超过 38.4%;大于等于 3.5 m 的位置的瓦斯含量下降率都小于 25%,因此,可以判定,顾桥矿 11 煤层顺层钻孔抽采 30 d 的有效半径为 3.0 m。

3.4.1.7　张集矿 9 煤层

张集矿 9 煤层有效抽采半径测试地点位于东一 9-1(1)采区煤层回风大巷,如图 3-4-11 所示。测试钻孔垂直巷帮,平行煤层,开孔点距离巷道底板 1.5 m。布置 4 组测试钻孔,中间为抽采钻孔,两侧为考察孔,每组的抽采孔间距为 25 m。采用瓦斯含量法测试,每组先打中间的抽采孔,同时测取钻孔深度为 20 m、30 m、40 m、50 m、60 m 处的瓦斯含量,以此作为抽采前的瓦斯含量,抽采 30 d 后停止抽采,开始施工测试孔并测试孔深 20 m、30 m、40 m、50 m、60 m 处的瓦斯含量,通过对其瓦斯含量与抽采孔施工时测到的瓦斯含量的对比分析,判断其是否在影响区域,其测试结果如表 3-4-16 所列。

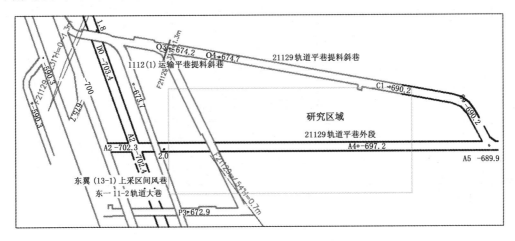

图 3-4-11　张集矿 9 煤层顺层钻孔抽采半径测试布置图

表 3-4-16　　　　张集矿 9 煤层顺层钻孔有效抽采半径测试结果(抽采 30 d)

组别	钻孔	不同孔深瓦斯含量/(m³/t)						备注
		20 m	30 m	40 m	50 m	60 m	平均含量	
第一组	S_{10}	4.90	4.61	4.42	4.98	4.98	4.78	抽采孔
	S_{11}	4.53	4.33	—	4.22	4.52	4.40	$\Delta L = 4$ m
	$S_{10} - S_{11}$	0.37	0.28		0.76	0.46	0.47	
	下降率/%	7.55	6.07		15.26	9.24	9.53	
	S_{12}	4.33	4.23	4.39	4.13	—	4.27	$\Delta L = 4$ m
	$S_{10} - S_{12}$	0.57	0.38	0.03	0.85	—	0.46	
	下降率/%	11.63	8.24	0.68	17.07		9.40	
	S_{13}	4.03	4.06	—	4.16	4.34	4.15	$\Delta L = 3$ m
	$S_{10} - S_{13}$	0.87	0.55		0.82	0.64	0.72	
	下降率/%	17.80	11.93	—	16.47	12.85	14.76	

组别	钻孔	不同孔深瓦斯含量/(m^3/t)						备注
		20 m	30 m	40 m	50 m	60 m	平均含量	
第二组	S_{20}	4.71	5.07	4.95	4.88	4.79	4.88	抽采孔
	S_{21}	—	3.73	3.80	3.78	3.73	3.76	$\Delta L=2.5$ m
	$S_{20}-S_{21}$	—	1.34	1.15	1.10	1.06	1.16	
	下降率/%	—	26.43	23.25	22.57	22.13	23.84	
	S_{22}	3.23	3.30	3.29			3.27	$\Delta L=2$ m
	$S_{20}-S_{22}$	1.48	1.77	1.66	—	—	1.64	
	下降率/%	31.42	34.91	33.54	—	—	33.57	
第三组	S_{30}	5.03	4.78	4.91	4.93	—	4.91	抽采孔
	S_{31}	2.83	2.70	2.73	—	—	2.75	$\Delta L=2$ m
	$S_{30}-S_{31}$	2.20	2.08	2.18			2.15	
	下降率/%	43.70	43.55	44.39	—	—	43.88	
	S_{32}	2.97	2.97	3.06	3.11	—	3.03	$\Delta L=3$ m
	$S_{30}-S_{32}$	2.06	1.81	1.85	1.82	—	1.89	
	下降率/%	40.92	37.92	37.75	36.92	—	38.38	
	S_{33}	2.84	3.34	3.31	—	—	3.16	$\Delta L=4$ m
	$S_{30}-S_{33}$	2.18	1.45	1.60			1.74	
	下降率/%	43.46	30.24	32.54	—	—	35.41	
	S_{34}	3.59	3.62	3.60	3.65	—	3.62	$\Delta L=5$ m
	$S_{30}-S_{34}$	1.44	1.16	1.31	1.28	—	1.30	
	下降率/%	28.56	24.25	26.59	26.04	—	26.36	
	S_{35}	3.88	3.85	3.87	—	—	3.86	$\Delta L=6$ m
	$S_{30}-S_{35}$	1.15	0.93	1.04			1.04	
	下降率/%	22.87	19.54	21.27	—	—	21.23	
第四组	S_{40}	4.72	4.77	4.85	4.77	—	4.78	抽采孔
	S_{41}	2.45	2.48	2.58	—	—	2.50	$\Delta L=2$ m
	$S_{40}-S_{41}$	2.27	2.30	2.27			2.28	
	下降率/%	48.14	48.11	46.80	—	—	47.68	
	S_{42}	2.85	2.78	2.71	—	—	2.78	$\Delta L=3$ m
	$S_{40}-S_{42}$	1.86	1.99	2.14	—	—	2.00	
	下降率/%	39.49	41.79	44.15	—	—	41.81	
	S_{43}	3.10	3.05	3.12	3.15	—	3.10	$\Delta L=4$ m
	$S_{40}-S_{43}$	1.62	1.73	1.73	1.62	—	1.67	
	下降率/%	34.26	36.17	35.65	33.97	—	35.01	

组别	钻孔	不同孔深瓦斯含量/(m³/t)						备注
		20 m	30 m	40 m	50 m	60 m	平均含量	
第四组	S_{44}	3.41	3.50	3.34	—	—	3.42	$\Delta L = 5$ m
	$S_{40} - S_{44}$	1.30	1.27	1.51	—	—	1.36	
	下降率/%	27.66	26.60	31.15	—	—	28.47	
	S_{45}	3.78	3.75	3.74	3.66	—	3.73	$\Delta L = 6$ m
	$S_{40} - S_{45}$	0.93	1.02	1.11	1.11	—	1.04	
	下降率/%	19.81	21.37	22.85	23.35	—	21.85%	

从测试结果看,张集矿 9 煤层顺层孔的有效抽采半径是 5 m。

3.4.1.8 丁集煤矿 11 煤层

丁集煤矿 11-2 煤层在 1232(1)轨道平巷,全程下花管实验方案,在 E_{23} 钻孔前方 10 m 处进行测试。如图 3-4-12 所示布置两组钻孔,每组钻孔为 2 个测压孔,1 个抽采孔,钻孔长度为 35 m,封孔长度为 30 m,留出 5 m 气室。第一组钻孔中 SC_1 为抽采孔,SA_1、SA_2 为测压孔。SA_1 距离抽采孔 3 m,SA_2 距离抽采孔 5 m。第二组钻孔中 SC_2 为抽采孔,SA_3、SA_4 为测压孔,SA_3 距离抽采孔 3 m,SA_4 距离抽采孔 5 m。钻孔参数如表 3-4-17 所列。

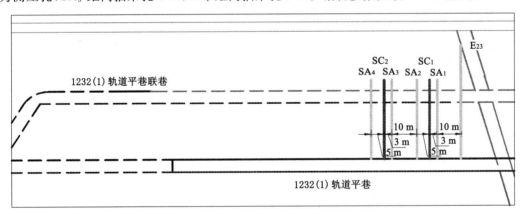

图 3-4-12　丁集煤矿 11-2 煤层顺层钻孔抽采半径测试布置图

表 3-4-17　　　　　丁集煤矿 11-2 煤层顺层钻孔布置参数表

测试煤层	孔号	开孔距煤层底板/m	偏角/(°)	仰角/(°)	孔深/m	封孔/m	备注
11-2 煤	SA_1	1.5	270	沿煤层	35	30	测压孔
	SA_2	1.5	270	沿煤层	35	30	
	SA_3	1.5	270	沿煤层	35	30	
	SA_4	1.5	270	沿煤层	35	30	
	SC_1	1.5	270	沿煤层	35	30	抽采孔
	SC_2	1.5	270	沿煤层	35	30	

本次实验的抽采孔按照两堵一注封孔方式进行封孔。封孔时一定要注意封孔质量。测压孔、抽采孔及测试孔要保证平行。钻孔施工完成后,进行观测各压力表读数,2016 年 10 月 24 日 SC_1 抽采孔开始抽采,2016 年 11 月 3 日 SC_2 抽采孔开始抽采,SA_3 钻孔未能测到有效压力,其余测压孔读数正常。抽采前后观测孔压力变化如表 3-4-18 所列,抽采前后各观测孔压力变化趋势如图 3-4-13 所示,根据瓦斯抽采有效半径测算方法,计算抽采后瓦斯含量和压力如表 3-4-19 所列。

表 3-4-18 丁集煤矿顺层钻孔测试汇总表

孔号	测试地点	测试标高 /m	与抽采孔距离 /m	抽采前压力 /MPa	抽采 30 d 后压力 /MPa	压力下降率 /%
SA_1	1232(1)轨道平巷	−880	3	0.32	0.09	71.9
SA_2	1232(1)轨道平巷	−880	5	0.26	0.16	38.5
SA_4	1232(1)轨道平巷	−880	5	0.3	0.21	30.0

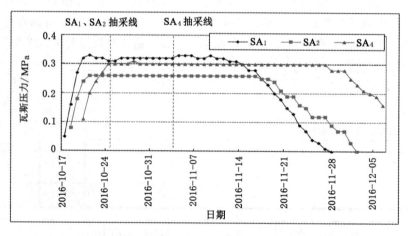

图 3-4-13 丁集煤矿 11-2 煤层顺层钻孔瓦斯压力变化趋势图

表 3-4-19 顺层钻孔瓦斯含量和压力计算汇总表

地点	压力/MPa	计算含量 /(m³/t)	25%达标后残余含量 /(m³/t)	达标反算压力 /MPa	实测抽采后残压 /MPa	是否达标
SA_1	0.32	3.120 7	2.340 5	0.232 2	0.09	是
SA_2	0.26	2.635 5	1.976 6	0.190 7	0.16	是
SA_4	0.30	2.963 1	2.222 3	0.218 5	0.21	是

由表 3-4-18 和表 3-4-19 可知,根据有效抽采半径判断,抽 30 d 后,所有钻孔的瓦斯含量下降率都超过了 25%,若以瓦斯含量下降率为 25% 及瓦斯压力下降到 0.74 MPa 的标准来衡量抽采半径,则 11-2 煤顺层钻孔的抽采半径为 5 m。

3.4.1.9 测试结果汇总

顺层钻孔有效抽采半径在实验矿井分别进行了压力下降法和瓦斯含量法测试。从测试过程看,顺层钻孔封孔测压难度大,实验矿井中除丁集煤矿 11 煤层效果稍好,其他测试地点采用瓦斯压力下降法效果不甚理想。而采用直接法测试煤层瓦斯含量相对容易,在各实验矿井的测试地点均收到了较好的测试效果,测试结果分别如表 3-4-20～表 3-4-27所列。

表 3-4-20　　　　　张集矿 11 煤层顺层钻孔有效抽采半径测试与判定结果

组别	孔号	不同孔深瓦斯含量/(m³/t)					抽采率/%	距抽采孔/m	是否达标	备注
		30 m	40 m	50 m	60 m	均值				
第一组	S₁₀	4.38	4.15	4.28	4.05	4.21	抽采孔	/	/	无效孔
	S₁₁	4.23	4.26	4.2	4.03	4.18	0.78	5	否	
	S₁₂	3.78	3.73	4.03	3.95	3.87	8.03	3	否	
第二组	S₂₀	4.09	4.18	4.1	4.08	4.11	抽采孔	/	/	
	S₂₁	3.27	3.38	3.35	3.45	3.36	18.23	5	否	
	S₂₂	3.03	/	/	3.32	3.17	22.28	5	否	
	S₂₃	2.61	/	/	2.7	2.65	35.01	4.3	是	
第三组	S₃₀	4.42		4.2	4.25	4.29	抽采孔	/	/	
	S₃₁	3.28		3.35	3.39	3.34	22.09	5	否	
	S₃₂	2.97		3.06	/	3.01	29.98	4.5	是	
第四组	S₄₀	4.64		4.75	4.8	4.72	抽采孔	/	/	
	S₄₁	3.42	/	/	3.79	3.61	23.67	5	否	
	S₄₂	3.04	/	/	3.33	3.19	32.56	4.5	是	

表 3-4-21　　　　　顾桥矿 11 煤层顺层钻孔有效抽采半径测试与判定结果

组别	孔号	不同孔深瓦斯含量/(m³/t)					抽采率/%	距抽采孔/m	是否达标	备注
		30 m	40 m	50 m	70 m	均值				
第一组	K₁₀	3.13	3.24	3.49	3.73	3.4	抽采孔	/	/	
	K₁₁	3.34	3.46	3.59	3.35	3.43	−1.1	4	否	
	K₁₂	3.50	3.45	3.38	3.65	3.49	−2.8	5	否	
第二组	K₂₀	3.24	3.41	/	/	3.33	抽采孔	/	/	
	K₂₁	3.10	2.84	/	/	2.97	10.8	3.5	否	
	K₂₂	3.16	3.23	/	/	3.19	3.9	4	否	
第三组	K₃₀	3.20	3.56	/	/	3.38	抽采孔	/	/	
	K₃₁	2.47	2.45	/	/	2.46	27.2	3	是	
	K₃₂	2.02	2.15	/	/	2.08	38.4	2.5	是	

表 3-4-22 　　　　朱集东矿 11 煤层顺层钻孔有效抽采半径测试与判定结果

组别	孔号	不同孔深瓦斯含量/(m³/t)							抽采率/%	距抽采孔/m	是否达标	备注
		20 m	30 m	40 m	50 m	60 m	70 m	均值				
第一组	S_{10}	4.73	4.71	4.88	4.88	4.59	4.66	4.74	抽采孔	/	/	
	S_{11}	4.40	3.39	3.27	4.11	3.82	4.22	3.87	18.35	3	否	
	S_{12}	4.41	4.24	4.29	4.72	4.27	4.38	4.39	7.49	3.5	否	
第二组	S_{20}	4.49	4.42	4.63	4.73	4.66	4.47	4.56	抽采孔	/	/	
	S_{21}	2.39	2.21	2.60	2.55	2.30	2.92	2.49	45.35	2.5	是	
	S_{22}	3.21	2.96	2.18	2.89	2.76	3.80	2.97	35.05	3.5	是	
第三组	S_{30}	4.77	4.65	4.70	4.51	4.44	4.61	4.61	抽采孔	/	/	水大，瓦斯难抽，测试结果不准
	S_{31}	4.17	4.24	4.31	3.32	4.06	3.38	3.91	15.15	3	否	
	S_{32}	4.06	3.98	3.90	4.09	4.08	3.95	4.01	13.11	3	否	
第四组	S_{40}	4.57	4.56	4.52	4.68	4.65	4.78	4.63	抽采孔	/	/	
	S_{41}	4.56	3.61	3.41	3.86	4.28	4.15	3.98	14.02	3	否	
	S_{42}	3.99	3.86	4.26	4.13	4.15	3.99	4.06	12.13	3	否	
第五组	S_{50}	4.60	4.66	4.53	4.58	4.41	4.53	4.55	抽采孔	/	/	
	S_{51}	4.06	4.27	3.97	4.13	3.90	4.06	4.07	10.75	3.5	否	
	S_{52}	4.20	4.65	4.25	4.20	4.19	4.21	4.28	5.98	4	否	
第六组	S_{60}	4.32	4.48	4.51	4.46	4.61	4.29	4.44	抽采孔	/	/	
	S_{61}	3.45	3.41	3.30	3.55	3.73	3.03	3.41	23.26	4.2	否	
	S_{62}	3.67	4.24	4.03	4.24	4.50	3.87	4.09	7.96	4.1	否	
	S_{60-2}	3.54	3.96	3.92	3.95	4.10	3.34	3.80	14.49	5.2	否	
第七组	B_{10}	3.70	4.02	4.21	4.88	4.62	4.55	4.33	抽采孔	/	/	
	B_{11}	2.59	3.06	2.69	3.62	3.50	3.37	3.13	27.55	4	是	
	B_{12}	2.72	2.85	3.11	3.80	3.48	3.31	3.21	25.8	5	是	
第八组	B_{20}	3.52	3.82	3.99	4.76	4.75	4.57	4.23	抽采孔	/	/	
	B_{21}	2.82	3.03	3.43	4.03	4.24	4.03	3.60	15.04	5.5	否	
	B_{22}	2.53	2.81	2.91	3.30	3.52	3.50	3.09	26.9	4.5	是	

表 3-4-23 　　　　潘三矿 11 煤层顺层钻孔有效抽采半径测试与判定结果

组别	孔号	不同孔深瓦斯含量/(m³/t)				均值/(m³/t)	抽采率/%	距抽采孔/m	是否达标	备注
		30 m	40 m	50 m	60 m					
第一组	S_{10}	4.73	5.31	4.70	4.94	4.92	抽采孔	/	/	
	S_{11}	2.93	2.41	2.77	2.44	2.64	46.39	4	是	
	S_{12}	4.96	5.09	4.21	5.66	4.98	−1.22	6	否	
	S_{13}	2.26	2.37	2.48	2.37	2.37	51.83	4	是	
	S_{14}	3.9	3.92	4.22	4.58	4.16	15.55	5.5	否	

续表 3-4-23

组别	孔号	不同孔深瓦斯含量/(m³/t)				均值/(m³/t)	抽采率/%	距抽采孔/m	是否达标	备注
		30 m	40 m	50 m	60 m					
第二组	S₂₀	4.30	4.83	4.87	5.30	4.83	抽采孔	/	/	
	S₂₁	3.34	3.43	3.62	3.85	3.56	26.22	5	是	
	S₂₂	3.29	3.49	打钻见岩		3.39	29.74	5	是	

表 3-4-24　　　　谢桥矿 6 煤层顺层钻孔有效抽采半径测试与判定结果

组别	孔号	不同孔深瓦斯含量/(m³/t)					下降率/%	距抽采孔/m	是否达标	备注
		15 m	25 m	35 m	45 m	均值				
第一组	S₁₀	5.5	5.8	5.8	5.8	5.73	抽采孔	/	/	
	S₁₁	3	3.5	3.6	3.5	3.40	40.66	3	是	
	S₁₂	3.9	3.5	4.1	3.8	3.83	33.16	5	是	
	S₁₃	3.8	3.8	4.1	3.8	3.88	32.29	5	是	
	S₁₄	3.2	3.7	3.6	3.7	3.55	38.05	3	是	
第二组	S₂₀	5.1	5.8	5.5	5.8	5.55	抽采孔	/	/	
	S₂₁	3.1	3.5	3.2	/	3.27	41.14	3.5	是	
	S₂₂	3.3	3.6	3.5	3.7	3.53	36.49	4	是	
	S₂₃	3	3.5	3.4	/	3.30	40.54	4.5	是	
	S₂₄	4.9	5.1	5	5.2	5.05	9.01	5	否	
第三组	S₃₀	5.2	5.4	5.7	5.7	5.50	抽采孔	/	/	
	S₃₁	3.2	4	3.5	3.6	3.58	35	3.5	是	
	S₃₂	3.5	3.3	3.3	3.5	3.40	38.18	4	是	
	S₃₃	3.8	2.9	3.5	3.5	3.43	37.73	4.5	是	
	S₃₄	4.5	4.8	4.6	4.7	4.65	15.45	5	否	

表 3-4-25　　　　顾北矿 6 煤层顺层钻孔有效抽采半径测试与判定结果

组别	孔号	不同孔深瓦斯含量/(m³/t)					下降率/%	距抽采孔/m	是否达标	备注
		20 m	30 m	40 m	50 m	均值				
第一组	K₄₀	3.23	4.12	4.57	4.66	4.15	抽采孔	/	/	
	K₄₁	1.27	1.62	1.77	1.80	1.62	61	3	是	
	K₄₂	2.35	3.10	3.15	/	3.03	26.8	3.50	是	
第二组	K₅₀	3.50	4.68	/	/	4.09	抽采孔	/	/	
	K₅₁	2.19	3.84	/	/	3.01	26.3	4	是	
	K₅₂	2.26	3.90	/	/	3.08	24.6	4.5	否	

表 3-4-26　　　　　　　　张集矿 9 煤层顺层钻孔有效抽采半径测试与判定结果

| 组别 | 孔号 | 不同孔深瓦斯含量/(m³/t) | | | | | | 抽采率/% | 距抽采孔/m | 是否达标 | 备注 |
		20 m	30 m	40 m	50 m	60 m	均值				
第一组	S_{10}	4.90	4.61	4.42	4.98	4.98	4.78	抽采孔	/	/	抽采负压异常降低
	S_{11}	4.53	4.33	/	4.22	4.52	4.40	9.78	4	否	
	S_{12}	4.33	4.23	4.39	4.13	/	4.27	9.58	4	否	
	S_{13}	4.03	4.06	/	4.16	4.34	4.15	15.03	3	否	
第二组	S_{20}	4.71	5.07	4.95	4.88	4.79	4.88	抽采孔	/	/	
	S_{21}	/	3.73	3.80	3.78	3.73	3.76	23.84	2.5	否	
	S_{22}	3.23	3.30	3.29	/	/	3.27	33.57	2	是	
第三组	S_{30}	5.03	4.78	4.91	4.93	/	4.91	抽采孔	/	/	
	S_{31}	2.83	2.70	2.73	/	/	2.75	43.88	2	是	
	S_{32}	2.97	2.97	3.06	3.11	/	3.03	38.38	3	是	
	S_{33}	2.84	3.34	3.31	/	/	3.16	35.41	4	是	
	S_{34}	3.59	3.62	3.60	3.65	/	3.62	26.36	5	是	
	S_{35}	3.88	3.85	3.87	/	/	3.86	21.23	6	否	
第四组	S_{40}	4.72	4.77	4.85	4.77	/	4.78	抽采孔	/	/	
	S_{41}	2.45	2.48	2.58	/	/	2.50	47.68	2	是	
	S_{42}	2.85	2.78	2.71	/	/	2.78	41.81	3	是	
	S_{43}	3.10	3.05	3.12	3.15	/	3.10	35.01	4	是	
	S_{44}	3.41	3.50	3.34	/	/	3.42	28.47	5	是	
	S_{45}	3.78	3.75	3.74	3.66	/	3.73	21.85	6	否	

表 3-4-27　　　　　　　　　淮南关键保护层顺层钻孔有效抽采半径测试结果

煤层	6 煤		11 煤					9 煤
矿井	谢桥	顾北	张集	顾桥	潘三	朱集东	丁集	张集
顺层钻孔/m	4.5	4	4.5	3	5	5	5	5

　　从顺层钻孔有效抽采半径测试结果来看,由于实验煤层平均厚度不超过 2.5 m,且实验地点煤层倾角随埋深存在波动变化,顺层钻孔施工时,易出现钻孔偏斜,发生钻孔过早见岩情况,从而使得部分钻孔孔深未达到设计孔深要求。即便如此,关键保护层顺层钻孔有效抽采半径的数据量仍较可观,其测试结果具有一定的可信度。考虑到不同位置煤层瓦斯含量的偏差,以及测试过程中的误差的影响,以不同孔深煤层瓦斯含量均值作为该测试钻孔煤层瓦斯含量值,分析抽采孔对测试孔位置瓦斯含量的抽采情况,判定测试孔位置是否在抽采孔有效抽采半径范围之内,综合结果如表 3-4-27 所列。

　　由表 3-4-27 可知,顺层钻孔有效抽采半径因各矿条件不同是有差别的,即便是相同的煤层,在不同的实验矿井也存在差别。从测试结果看,6 煤顺层钻孔有效抽采半径为 4～4.5 m;9 煤顺层钻孔的有效抽采半径是 5 m;11 煤顺层钻孔有效抽采半径最小的是顾桥矿,仅 3 m,其他 3 个实验矿井顺层钻孔有效抽采半径为 4.5～5 m。

3.4.2 穿层预抽钻孔有效抽采半径

3.4.2.1 谢桥矿 6 煤层

谢桥矿穿层钻孔抽采半径测试地点分别在 12526 底抽巷 25#、26# 钻场以及 21216 底抽巷 36#、37# 钻场分两次进行。其中,12526 底抽巷测试钻孔编号为 K_{50}～K_{54}、K_{60}～K_{64},21216 底抽巷钻孔编号为 K_{70}～K_{74}、K_{80}～K_{84}。测试地点布置如图 3-4-14 和图 3-4-15 所示。

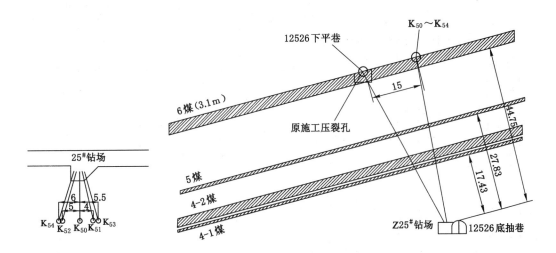

图 3-4-14　谢桥矿 12526 底抽巷 25# 钻场穿层孔测压钻孔布置图(单位:m)

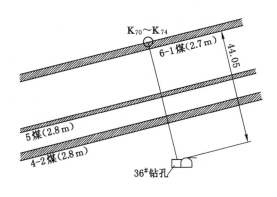

图 3-4-15　谢桥矿 21216 底抽巷 36# 钻场穿层孔测压钻孔布置图(单位:m)

钻孔抽采半径采用瓦斯压力下降法进行,各测试孔瓦斯压力测试记录如表 3-4-28 所列,其压力变化规律如图 3-4-16～图 3-4-19 所示。

根据瓦斯压力变化率判定钻孔抽采瓦斯时的有效半径,即根据实测瓦斯压力计算煤层瓦斯含量,再依据煤层瓦斯含量计算抽采达标后煤层残余瓦斯含量,以残余瓦斯含量再次利用朗缪尔方程反算煤层达标时的残余瓦斯压力,比较实测残余瓦斯压力值与反算残余瓦斯压力的大小,判定测试地点是否在钻孔有效抽采半径范围内。抽采钻孔经 30 d 抽采后,各

表 3-4-28　谢桥矿 6 煤层穿层钻孔压力测试记录

测点	12526 底抽巷 25# 钻场/MPa				12526 底抽巷 26# 钻场/MPa				21216 底抽巷 36# 钻场/MPa				21216 底抽巷 37# 钻场/MPa			
距抽采孔距离	K_{51}	K_{52}	K_{53}	K_{54}	K_{61}	K_{62}	K_{63}	K_{64}	K_{71}	K_{72}	K_{73}	K_{74}	K_{81}	K_{82}	K_{83}	K_{84}
	4 m	5 m	5.5 m	6 m	4 m	5 m	5.5 m	6 m	4 m	5 m	5.5 m	6 m	4 m	5 m	5.5 m	6 m
11 月 10 日									0.49	0.48	0.52	0.5				
11 月 11 日									0.72	0.58	0.62	0.6				
11 月 12 日									0.8	0.68	0.72	0.72				
11 月 13 日	0.48	0.5	0.52	0.46					0.82	0.78	0.76	0.88				
11 月 14 日	0.7	0.74	0.78	0.64					0.82	0.78	0.76	0.86				
11 月 15 日	0.9	0.86	0.98	0.74					0.82	0.78	0.76	0.86				
11 月 16 日	0.92	0.86	1.04	0.74					0.82	0.78	0.76	0.86				
11 月 17 日	0.92	0.86	1.04	0.74					0.82	0.78	0.76	0.86				
11 月 18 日	0.92	0.86	1.04	0.74					0.82	0.78	0.76	0.86				
11 月 19 日	0.92	0.86	1.04	0.74					0.76	0.72	0.74	0.84				
11 月 20 日	0.82	0.83	1.02	0.72					0.66	0.68	0.7	0.83				
11 月 21 日	0.78	0.8	1	0.7					0.58	0.66	0.68	0.82				
11 月 22 日	0.76	0.78	1	0.7	0.52	0.48	0.5	0.46	0.54	0.64	0.66	0.8				
11 月 23 日	0.74	0.76	0.98	0.7	0.58	0.5	0.54	0.53	0.52	0.62	0.66	0.8				
11 月 24 日	0.72	0.75	0.96	0.71	0.66	0.54	0.66	0.64	0.5	0.58	0.64	0.78				
11 月 25 日	0.7	0.7	0.94	0.68	0.72	0.64	0.76	0.7	0.5	0.55	0.62	0.78				
11 月 26 日	0.68	0.68	0.93	0.68	0.76	0.68	0.82	0.76	0.48	0.55	0.6	0.76				
11 月 27 日	0.66	0.66	0.9	0.66	0.78	0.7	0.86	0.82	0.48	0.52	0.61	0.76	0.52	0.5	0.46	0.5
11 月 28 日	0.66	0.6	0.86	0.66	0.8	0.72	0.86	0.82	0.47	0.5	0.58	0.76	0.58	0.54	0.5	0.56
11 月 29 日	0.66	0.6	0.86	0.66	0.8	0.72	0.86	0.82	0.47	0.51	0.58	0.76	0.64	0.6	0.58	0.64
11 月 30 日	0.66	0.62	0.86	0.66	0.8	0.72	0.86	0.82	0.47	0.5	0.58	0.76	0.68	0.64	0.64	0.68

续表 3-4-28

测点 距抽采孔距离	12526底抽巷25#钻场/MPa				12526底抽巷26#钻场/MPa				21216底抽巷36#钻场/MPa				21216底抽巷37#钻场/MPa			
	K_{51} 4 m	K_{52} 5 m	K_{53} 5.5 m	K_{54} 6 m	K_{61} 4 m	K_{62} 5 m	K_{63} 5.5 m	K_{64} 6 m	K_{71} 4 m	K_{72} 5 m	K_{73} 5.5 m	K_{74} 6 m	K_{81} 4 m	K_{82} 5 m	K_{83} 5.5 m	K_{84} 6 m
12月1日	0.64	0.6	0.85	0.66	0.8	0.72	0.86	0.82	0.47	0.5	0.58	0.76	0.7	0.68	0.66	0.74
12月2日	0.64	0.6	0.85	0.66	0.76	0.7	0.8	0.8	0.46	0.5	0.57	0.75	0.72	0.7	0.68	0.74
12月3日	0.63	0.6	0.83	0.64	0.72	0.62	0.74	0.76	0.46	0.49	0.57	0.75	0.72	0.7	0.68	0.74
12月4日	0.63	0.59	0.82	0.64	0.66	0.58	0.72	0.74	0.46	0.5	0.57	0.75	0.72	0.7	0.68	0.74
12月5日	0.63	0.57	0.8	0.62	0.64	0.56	0.68	0.74	0.46	0.5	0.56	0.74	0.7	0.68	0.66	0.72
12月6日	0.61	0.56	0.8	0.62	0.62	0.54	0.68	0.74	0.44	0.48	0.54	0.72	0.66	0.66	0.64	0.68
12月7日	0.58	0.52	0.78	0.62	0.62	0.52	0.7	0.76	0.42	0.48	0.54	0.72	0.62	0.64	0.6	0.66
12月8日	0.54	0.52	0.76	0.6	0.58	0.48	0.68	0.72	0.4	0.46	0.52	0.72	0.58	0.62	0.56	0.62
12月9日	0.52	0.5	0.72	0.6	0.56	0.48	0.68	0.7	0.4	0.46	0.52	0.7	0.54	0.58	0.54	0.62
12月10日	0.48	0.5	0.72	0.62	0.56	0.46	0.66	0.7	0.38	0.46	0.54	0.72	0.5	0.54	0.52	0.6
12月11日	0.46	0.46	0.68	0.6	0.54	0.44	0.64	0.68	0.38	0.44	0.52	0.7	0.46	0.52	0.56	0.58
12月12日	0.42	0.44	0.66	0.6	0.52	0.42	0.62	0.7	0.38	0.44	0.52	0.68	0.44	0.5	0.54	0.58
12月13日	0.42	0.44	0.66	0.58	0.5	0.42	0.6	0.7	0.38	0.46	0.54	0.68	0.44	0.5	0.54	0.58
12月14日	0.42	0.44	0.64	0.58	0.5	0.4	0.6	0.68	0.4	0.46	0.54	0.7	0.42	0.5	0.54	0.58
12月15日	0.4	0.44	0.64	0.58	0.5	0.4	0.6	0.68	0.4	0.46	0.54	0.7	0.42	0.5	0.54	0.58
12月16日	0.4	0.44	0.64	0.58	0.48	0.4	0.6	0.68	0.38	0.44	0.54	0.7	0.42	0.5	0.54	0.6
12月17日	0.4	0.44	0.64	0.58	0.48	0.38	0.6	0.68	0.38	0.44	0.56	0.7	0.42	0.48	0.56	0.58
12月18日	0.4	0.42	0.64	0.56	0.48	0.38	0.6	0.68	0.38	0.44	0.54	0.7	0.42	0.48	0.54	0.58

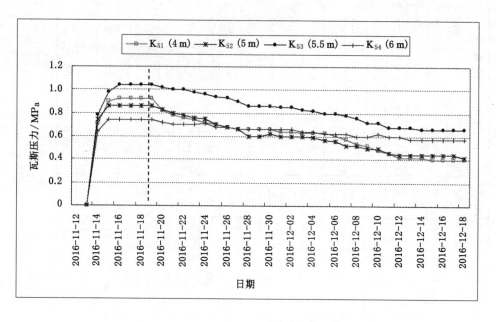

图 3-4-16   25# 钻场穿层钻孔压力测试结果趋势图

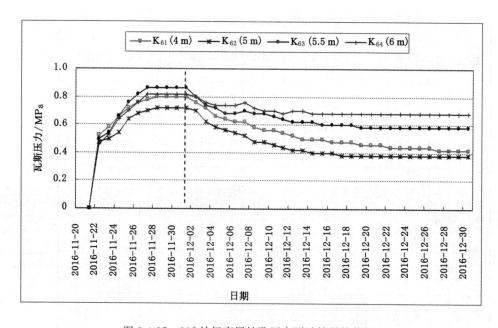

图 3-4-17   26# 钻场穿层钻孔压力测试结果趋势图

测试钻孔瓦斯压力变化情况如表 3-4-29 所列。可以看出,随着与抽采钻孔距离的增加,瓦斯压力下降幅度逐渐减小,其规律性较为明显。从测试结果看,距离抽采钻孔 5 m 内的测试钻孔瓦斯压力下降幅度达到了定义的有效抽采半径规定值,而距离抽采钻孔 5.5 m 及6 m 的钻孔瓦斯压力下降幅度未达到定义的有效抽采半径规定值。因此,试验条件下,谢桥矿 6 煤层穿层钻孔有效半径为 5 m。

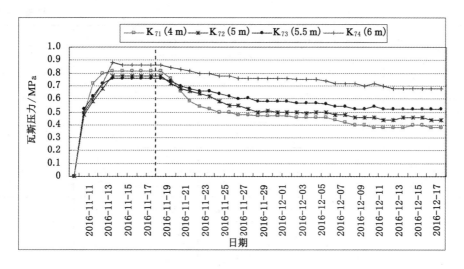

图 3-4-18　36# 钻场穿层钻孔压力测试结果趋势图

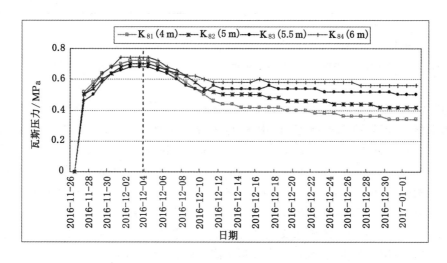

图 3-4-19　37# 钻场穿层钻孔压力测试结果趋势图

表 3-4-29　　**谢桥矿 6 煤层穿层钻孔抽采影响范围测算结果（经 30 d 抽采后）**

孔号	距抽采孔距离/m	实测压力/MPa	计算含量/(m³/t)	抽采达标含量/(m³/t)	达标压力/MPa	实测压力/MPa	是否达标	备注
K₅₁	4	1.02	5.048	3.786	0.700	0.50	是	
K₅₂	5	0.96	4.858	3.644	0.663	0.52	是	
K₅₃	5.5	1.14	5.405	4.054	0.772	0.76	否	
K₅₄	6	0.84	4.452	3.339	0.588	0.68	否	
K₆₁	4	0.90	4.660	3.495	0.626	0.52	是	
K₆₂	5	0.82	4.381	3.286	0.575	0.48	是	

孔号	距抽采孔距离/m	实测压力/MPa	计算含量/(m³/t)	抽采达标含量/(m³/t)	达标压力/MPa	实测压力/MPa	是否达标	备注
K_{63}	5.5	0.96	4.858	3.644	0.663	0.68	否	
K_{64}	6	0.92	4.727	3.545	0.638	0.78	否	
K_{71}	4	0.92	4.727	3.545	0.638	0.48	是	
K_{72}	5	0.88	4.592	3.444	0.613	0.54	是	
K_{73}	5.5	0.86	4.523	3.392	0.601	0.62	否	
K_{74}	6	0.96	4.858	3.644	0.663	0.78	否	
K_{81}	4	0.82	4.381	3.286	0.575	0.44	是	
K_{82}	5	0.80	4.309	3.231	0.563	0.52	是	
K_{83}	5.5	0.78	4.235	3.176	0.55	0.60	否	
K_{84}	6	0.84	4.452	3.339	0.588	0.66	否	

3.4.2.2 张集矿 11 煤层

根据张集矿采掘布局的实际情况,选择 1422(1)运输平巷底抽巷开展穿层钻孔抽采半径测试。

1422(1)运输平巷底抽巷位于西二 11-2 下采区,上覆 11-2 煤未采巷道,下伏 9-2 煤(尚无采掘工程)。东为西二系统巷道,南为 11-2 煤未采区,西邻 F209 边界断层($H = 45 \sim 65$ m),北为已经回采的 1421(1)工作面。巷道采用锚网支护,未喷浆,半圆拱形,断面:宽×高$= 4.1$ m$\times 3.2$ m,设计长度为 2 220 m(含切眼底抽巷),巷道内风管、水管、排水管齐全,位于巷道左侧帮;一路皮带位于巷道右侧,规格:宽×高$= 1.0$ m$\times 1.2$ m。该区域总体为一向南倾斜的单斜构造,煤(岩)层起伏较大(局部表现为次一级宽缓背斜),煤(岩)层产状为 $151° \sim 207° \angle 8° \sim 26°$。该区域水文地质条件简单,主要充水水源为 11-2 煤底板砂岩裂隙水,其水量以静储量为主,出水形式多以顶板滴、淋水及砂岩裂隙涌出为主。

在 1422(1)运输平巷底抽巷设计 3 组穿层考察钻孔,每组 4 个测试孔分别距离抽采孔为 3 m、4 m、5 m、6 m,钻孔布置方式如图 3-4-20 所示。根据钻孔布置方式,所选择 1422(1)运输平巷底抽巷的试验区域如图 3-4-21 所示。

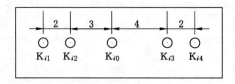

图 3-4-20　张集矿 1422(1)运输平巷底抽巷穿层钻孔开孔布置示意图

测压孔施工情况及其参数如表 3-4-30 所列。施工完成后,每日进行数据观察,记录并汇总成表格,观测结果如表 3-4-31 所列。

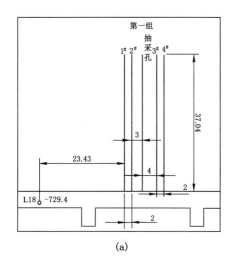
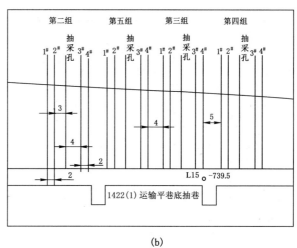

图 3-4-21　张集矿 1422(1)运输平巷底抽巷试验区域平面图

表 3-4-30　　　　　　　　　　张集矿 11-2 煤层穿层钻孔施工参数

钻孔编号	钻孔实际参数						封孔参数				
	仰角/(°)	偏角/(°)	见煤孔深/m	出煤孔深/m	全孔深/m	孔径/mm	成孔时间	里端/m	外端/m	封孔长/m	注浆压力/MPa	浆液比
K_{11}	30	0	38.7	43.8	44.4	113	2016-08-15 夜	38	1	44	6	0.8：1
K_{12}	30	0	36.8	41.3	42.5	113	2016-08-15 早	42	1	42	6	0.8：1
K_{13}	30	0	37.8	42.5	43.3	113	2016-08-15 中	42	1	42	6	0.8：1
K_{14}	30	0	35.5	40.5	41.7	113	2016-08-16 夜	41	1	41	6	0.8：1
K_{21}	41	0	35.1	40.2	41.5	113	2016-08-29 夜	36	1	36	6	0.8：1
K_{22}	41	0	34.5	39	42.1	113	2016-08-29 夜	36	1	36	6	0.8：1
K_{23}	41	0	36	41.5	42.1	113	2016-08-28 早	37	1	37	6	0.8：1
K_{24}	41	0	37.6	41.3	43.1	113	2016-08-28 早	41	1	41	6	0.8：1
K_{31}	41	0	38.4	43.2	43.6	113	2016-08-25 早	40	1	40	6	0.8：1
K_{32}	41	0	42.5	46.3	47.5	113	2016-08-25 夜	42	1	42	6	0.8：1
K_{33}	41	0	38.1	44.6	45.3	113	2016-08-27 夜	36	1	36	6	0.8：1
K_{34}	41	0	37.3	44.2	45.0	113	2016-08-28 早	38	1	38	6	0.8：1

表 3-4-31　　　　　　　　　　张集矿 11-2 煤层穿层钻孔压力测试数据表

日期 班次	压力/MPa											
	K_{11}	K_{12}	K_{13}	K_{14}	K_{21}	K_{22}	K_{23}	K_{24}	K_{31}	K_{32}	K_{33}	K_{34}
2016-09-04 中	0	0	0	0	0.45	0	0	0.6	0	0	0	0.5
2016-09-05 中	0	0	0	0	0.5	0	0	0.7	0	0	0	0.6
2016-09-07 早	0	0	0	0	0.6	0	0	0.82	0	0	0	0.9
2016-09-09 中	0	0	0	0	0.64	0	0	0.84	0	0	0	0.9

日期 班次	压力/MPa											
	K_{11}	K_{12}	K_{13}	K_{14}	K_{21}	K_{22}	K_{23}	K_{24}	K_{31}	K_{32}	K_{33}	K_{34}
2016-09-12 早	0	0	0	0	0.68	0	0	0.86	0	0	0	0.94
2016-09-14 早	0	0	0	0	0.68	0	0	0.84	0	0	0	0.94
2016-09-27 早	0	0	0	0	0.9	0	0	0.91	0	0	0	1.8
2016-09-30 早	0	0	0.15	0.2	0.95	0	0	0.1	0	0	0	1.9
2016-10-01 早	0	0	0	0	0.6	0	0	0.7	0	0	0	1.3
2016-10-02 早	0	0	0	0	0.9	0	0	0.6	0	0	0	1.45
2016-10-02 夜	0	0	0	0	0.7	0	0	0.6	1.3	0	0	1.35
2016-10-04 夜	0	0	0	0.1	1.07	0	0	0.8	0	0	0	1.5
2016-10-05 早	0	0	0	0	1.5	0	0	0.7	0	0	0	1.43
2016-10-06 中	0	0	0	0	1.42	0	0	0.4	0	0	0	1.5
2016-10-08 中	0	0	0	0	1.35	0	0	0.1	0	0	0	1.55
2016-10-20 中	0	0	0.15	0.2	0.15	0	0	0	0	0	0	0.47
2016-10-21 夜	0	0	0.15	0.2	0.15	0	0	0	0	0	0	0.47
2016-10-24 中	0	0	0.15	0.2	0.15	0	0	0	0	0	0	0.47
2016-10-26 早	0	0	0.15	0.2	0.15	0	0	0	0	0	0	0.47
2016-10-31 早	0	0	0.1	0.2	0.3	0	0	0	0	0	0	0.5

从表 3-4-31 可知,第一组的 K_{13}、K_{14},第二组的 K_{21}、K_{24},第三组的 K_{31}、K_{34} 钻孔的压力都不够稳定,需要补测钻孔重新考察,于是施工了第四组和第五组,如图 3-4-21 所示,在第四组和第五组的压力稳定后,第四组于 2 月 5 日开始抽采,第五组于 2 月 14 日开始抽采,其测压原始数据如表 3-4-32 所列,钻孔瓦斯压力变化趋势如图 3-4-22 和图 3-4-23 所示。

表 3-4-32　　张集矿 11-2 煤层穿层钻孔压力测试数据表(第四组、第五组)

日期	第四组/MPa				第五组/MPa				备注
	K_{41}	K_{42}	K_{43}	K_{44}	K_{51}	K_{52}	K_{53}	K_{54}	
2016-12-31	0	0	0	0	0	0.05	0	0.15	
2017-01-01	0.1	0	0	0	0.05	0.05	0	0.18	
2017-01-02	0.2	0	0.2	0	0.1	0.04	0	0.22	
2017-01-03	0.36	0	0.3	0.2	0.16	0.04	0.1	0.24	
2017-01-04	0.4	0	0.42	0.2	0.18	0.04	0.2	0.34	
2017-01-05	0.5	0	0.45	0.3	0.2	0.04	0.2	0.3	
2017-01-07	0.62	0	0.6	0.3	0.24	0.04	0.36	0.32	
2017-01-08	0.7	0	0.65	0.3	0.24	0.04	0.4	0.36	
2017-01-09	0.74	0	0.74	0.3	0.3	0.04	0.42	0.36	

日期	第四组/MPa				第五组/MPa				备注
	K_{41}	K_{42}	K_{43}	K_{44}	K_{51}	K_{52}	K_{53}	K_{54}	
2017-01-10	0.8	0	0.78	0.3	0.35	0.04	0.4	0.36	
2017-01-11	0.85	0	0.78	0.3	0.42	0.04	0.4	0.36	
2017-01-12	0.85	0	0.78	0.3	0.56	0.04	0.5	0.36	
2017-01-13	0.85	0	0.78	0.3	0.65	0.04	0.5	0.34	
2017-01-14	0.85	0	0.78	0.3	0.78	0.04	0.62	0.36	
2017-01-15	0.85	0	0.78	0.3	0.8	0.04	0.62	0.32	
2017-01-16	0.85	0	0.78	0.3	0.8	0.04	0.6	0.36	
2017-01-19	0.85	0	0.78	0.3	0.82	0.04	0.62	0.36	
2017-01-20	0.85	0	0.78	0.3	0.82	0.04	0.56	0.36	
2017-01-21	0.85	0	0.78	0.3	0.82	0.04	0.62	0.34	
2017-01-22	0.85	0	0.78	0.3	0.82	0.04	0.7	0.36	
2017-01-23	0.85	0	0.78	0.3	0.82	0.04	0.74	0.34	
2017-01-24	0.85	0	0.78	0.3	0.82	0.04	0.8	0.34	
2017-01-25	0.85	0	0.78	0.3	0.82	0.04	0.78	0.36	
2017-01-26	0.85	0	0.78	0.3	0.82	0.04	0.78	0.38	
2017-01-27	0.85	0	0.78	0.3	0.82	0.04	0.76	0.34	
2017-01-28	0.85	0	0.78	0.3	0.82	0.04	0.78	0.36	
2017-01-29	0.85	0	0.78	0.3	0.82	0.04	0.8	0.36	
2017-01-30	0.85	0	0.78	0.3	0.82	0.04	0.78	0.34	
2017-01-31	0.85	0	0.78	0.3	0.82	0.04	0.8	0.36	
2017-02-01	0.85	0	0.78	0.3	0.82	0.04	0.8	0.36	
2017-02-02	0.85	0	0.78	0.3	0.82	0.04	0.76	0.36	
2017-02-03	0.85	0	0.78	0.3	0.82	0.04	0.8	0.36	
2017-02-04	0.85	0	0.78	0.3	0.82	0.04	0.75	0.36	
2017-02-05	0.85	0	0.78	0.3	0.82	0.04	0.8	0.36	
2017-02-06	0.85	0	0.78	0.3	0.82	0.04	0.8	0.36	
2017-02-07	0.85	0	0.78	0.3	0.82	0.04	0.8	0.36	
2017-02-08	0.85	0	0.78	0.3	0.82	0.04	0.8	0.36	
2017-02-09	0.85	0	0.78	0.3	0.82	0.04	0.8	0.36	
2017-02-10	0.85	0	0.78	0.3	0.82	0.04	0.8	0.36	
2017-02-11	0.85	0	0.78	0.3	0.82	0.04	0.8	0.36	
2017-02-12	0.85	0	0.78	0.3	0.82	0.04	0.8	0.36	
2017-02-13	0.85	0	0.76	0.3	0.82	0.04	0.8	0.36	
2017-02-14	0.85	0	0.75	0.3	0.82	0.04	0.8	0.36	

日期	第四组/MPa				第五组/MPa				备注
	K_{41}	K_{42}	K_{43}	K_{44}	K_{51}	K_{52}	K_{53}	K_{54}	
2017-02-15	0.85	0	0.74	0.3	0.82	0.04	0.8	0.36	
2017-02-16	0.85	0	0.74	0.3	0.82	0.04	0.8	0.36	
2017-02-17	0.85	0	0.72	0.3	0.82	0.04	0.8	0.36	
2017-02-18	0.85	0	0.73	0.3	0.82	0.04	0.8	0.36	
2017-02-19	0.85	0	0.72	0.3	0.82	0.03	0.8	0.36	
2017-02-20	0.82	0	0.72	0.3	0.82	0.03	0.78	0.36	
2017-02-21	0.8	0	0.72	0.3	0.82	0.03	0.76	0.36	
2017-02-22	0.8	0	0.71	0.3	0.82	0.03	0.78	0.36	
2017-02-23	0.79	0	0.64	0.29	0.81	0.02	0.68	0.36	
2017-02-24	0.78	0	0.66	0.29	0.8	0.02	0.64	0.36	
2017-02-25	0.77	0	0.6	0.29	0.8	0.02	0.68	0.36	
2017-02-26	0.76	0	0.55	0.28	0.8	0.02	0.64	0.36	
2017-02-27	0.75	0	0.5	0.28	0.79	0.02	0.66	0.34	
2017-02-28	0.74	0	0.54	0.28	0.79	0.02	0.62	0.32	
2017-03-01	0.73	0	0.5	0.27	0.78	0.02	0.62	0.32	
2017-03-02	0.71	0	0.46	0.27	0.76	0.02	0.6	0.32	
2017-03-03	0.7	0	0.46	0.26	0.74	0.02	0.58	0.3	
2017-03-04	0.68	0	0.44	0.26	0.7	0.02	0.62	0.32	
2017-03-05	0.66	0	0.42	0.25	0.7	0.02	0.54	0.28	
2017-03-06	0.65	0	0.4	0.24	0.7	0.02	0.52	0.26	
2017-03-07	0.63	0	0.36	0.24	0.7	0.02	0.48	0.26	
2017-03-08	0.62	0	0.36	0.23	0.7	0.02	0.48	0.26	
2017-03-09	0.6	0	0.34	0.22	0.7	0.02	0.5	0.26	
2017-03-10	0.56	0	0.35	0.2	0.7	0.02	0.5	0.24	
2017-03-11	0.52	0.01	0.32	0.2	0.68	0.04	0.52	0.26	
2017-03-12	0.5	0.01	0.36	0.2	0.62	0.01	0.5	0.3	
2017-03-13	0.48	0.01	0.34	0.2	0.64	0.02	0.48	0.26	
2017-03-14	0.44	0.01	0.32	0.2	0.6	0.02	0.46	0.26	
2017-03-15	0.42	0.02	0.3	0.2	0.6	0.02	0.46	0.26	
2017-03-16	0.38	0.02	0.26	0.2	0.6	0.02	0.42	0.26	
2017-03-17	0.34	0.02	0.24	0.2	0.6	0.02	0.43	0.26	
2017-03-18	0.36	0.01	0.24	0.2	0.64	0.04	0.46	0.26	
2017-03-19	0.38	0.02	0.24	0.2	0.6	0.04	0.4	0.3	
2017-03-20	0.34	0.01	0.24	0.2	0.58	0.04	0.36	0.26	
2017-03-21	0.36	0.02	0.24	0.18	0.55	0.03	0.36	0.27	

日期	第四组/MPa				第五组/MPa				备注
	K_{41}	K_{42}	K_{43}	K_{44}	K_{51}	K_{52}	K_{53}	K_{54}	
2017-03-22	0.35	0.02	0.24	0.18	0.53	0.03	0.35	0.28	
2017-03-23	0.34	0.01	0.24	0.2	0.51	0.04	0.32	0.26	
2017-03-24	0.32	0.02	0.24	0.2	0.5	0.02	0.28	0.2	
2017-03-25	0.28	0.02	0.24	0.2	0.5	0.02	0.28	0.26	
2017-03-26	0.28	0.01	0.24	0.2	0.44	0.02	0.28	0.22	
2017-03-27	0.3	0.01	0.24	0.2	0.42	0.02	0.28	0.26	
2017-03-28	0.3	0.02	0.24	0.18	0.4	0.04	0.28	0.22	
2017-03-29	0.3	0.02	0.24	0.16	0.4	0.03	0.28	0.18	

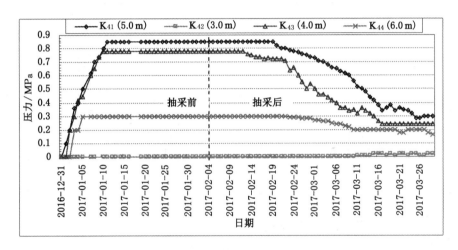

图 3-4-22　第四组穿层钻孔压力随时间变化趋势图

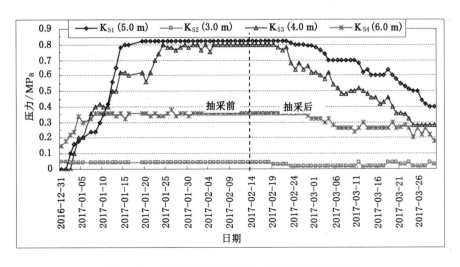

图 3-4-23　第五组穿层钻孔压力随时间变化趋势图

从图 3-4-22 和图 3-4-23 可知,除第四组的第二个钻孔 K_{42} 和第五组的第二个钻孔 K_{52} 未测到压力外,其他钻孔均测到压力。第四组和第五组钻孔的实际瓦斯压力稳定在 0.78～0.85 MPa。K_{44} 和 K_{54} 的压力明显更低于其他 4 个钻孔的压力,这种差异与钻孔封孔质量有一定关系。

根据实测瓦斯压力计算求得抽采前后的瓦斯含量及钻孔的瓦斯抽采率,如表 3-4-33 所列。

表 3-4-33　　张集矿 11-2 煤层测压钻孔抽采前后瓦斯压力及含量表(第四组、第五组)

孔号	距抽采孔距离/m	抽采前瓦斯压力/MPa	抽采前瓦斯含量/(m³/t)	抽采 30 d 后		抽采率/%	是否达标	备注
				残余压力/MPa	残余瓦斯含量/(m³/t)			
K_{41}	5	0.85	4.30	0.66	3.641	15.33	未达到	抽采率<25%
K_{42}	3	0	0	0	0	0	/	无效孔
K_{43}	4	0.78	4.07	0.42	2.619	35.65	达到	抽采率>25%,且残余压力<0.74 MPa
K_{44}	6	0.30	2	0.25	1.719	14.05	/	压力偏小,无效孔
K_{51}	5	0.82	4.203	0.6	3.408	18.92	未达到	抽采率<25%
K_{52}	3	0.04	0	0.02	0			无效孔
K_{53}	4	0.80	4.137	0.46	2.808	32.12	达到	抽采率>25%,且残余压力<0.74 MPa
K_{54}	6	0.36	2.321	0.28	1.891	18.53	/	压力偏小,无效孔

从表 3-4-33 可知,第四组抽采钻孔中的 K_{41} 和 K_{43} 抽采前瓦斯压力分别为 0.85 MPa 和 0.78 MPa,均大于 0.74 MPa,在抽采 30 d 后,残余瓦斯压力均小于 0.74 MPa,根据有效抽采半径判定依据,K_{43} 的抽采率达到了 35.65%,满足有效抽采半径的两个条件,而 K_{41} 的抽采率为 15.33%,小于抽采标准 25%,因此可判定 11 煤该区域在抽采 30 d 后的有效半径为 4 m。而通过第五组抽采钻孔进行验证,K_{53} 的残余瓦斯压力为 0.46 MPa,而且抽采率也大于 25%,满足有效抽采半径的条件,进一步说明,该区域瓦斯抽采 30 d 的有效半径为 4 m。

根据表 3-4-33 有效半径判定以及测压孔的瓦斯压力随时间变化曲线,可以进一步计算判定距抽采孔 5 m 的测压孔 K_{41} 与 K_{51} 符合有效抽采半径所需的抽采时间,具体计算如表 3-4-34 所列。

表 3-4-34　　　　张集矿 11-2 煤层 K_{41} 和 K_{51} 测压钻孔抽采时间计算表

孔号	距抽采孔距离/m	抽采前瓦斯压力/MPa	抽采前瓦斯含量/(m³/t)	达标标准		达标参数		
				残余压力/MPa	残余瓦斯含量/(m³/t)	残余压力/MPa	残余瓦斯含量/(m³/t)	所需实际时间/d
K_{41}	5	0.85	4.3	0.74	3.225	0.52	3.075	35
K_{51}	5	0.82	4.203	0.74	3.152	0.53	3.118	37

从表 3-4-34 可知,张集矿 11-2 煤层瓦斯抽采有效半径达到 5 m 所需的抽采时间为 35~37 d。

3.4.2.3 潘三煤矿 11 煤层

潘三煤矿穿层钻孔抽采半径的测试地点为东一二水平 11-2 煤岩石回风巷,共设计了 3 组下向穿层钻孔进行瓦斯抽采半径考察,其测试区域的平面图如图 3-4-24 所示。

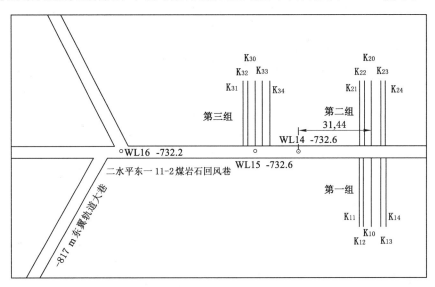

图 3-4-24 潘三煤矿东一二水平 11-2 煤岩石回风巷穿层钻孔考察抽采半径平面图

各组测试钻孔相互平行,钻孔之间的距离如图 3-4-25 所示。

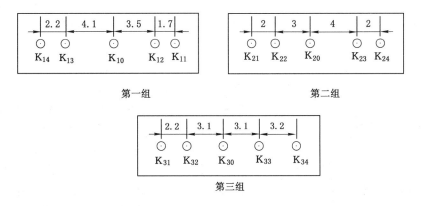

图 3-4-25 潘三煤矿东一二水平 11-2 煤岩石回风巷钻孔布置示意图

为验证测压装置结构中钢管连接是否漏气,采用了两种测压管进行煤层瓦斯压力测试。其中,第一组和第三组测压管采用 ϕ12.5 mm 钢管,第二组测压管采用外径 12.5 mm(内径 6 mm)整体高压胶管,3 组测压钻孔的实际施工参数如表 3-4-35 所列,测压孔的封孔长度为孔口至煤层顶板的长度,花管长度 2 m,花管穿透煤层底板,抽采孔采用传统的囊袋式两堵一注方法进行封孔,从孔口往里封 20 m。

表 3-4-35　潘三煤矿东一二水平 11-2 煤层岩石回风巷 3 组穿层钻孔实际施工参数

钻孔编号	钻孔实际参数						封孔参数				备注
	偏角/(°)	仰角/(°)	见煤孔深/m	出煤孔深/m	全孔深/m	孔径/mm	里端/m	外端/m	封孔长/m	注浆压力/MPa	
K_{11}	90	−35	47	48.5	60.2	94	47	0	47	4	
K_{12}	90	−35	45	45.5	64.2	94	45.5	0	45.5	4	
K_{13}	90	−35	47.5	48.0	58.2	94	48	0	48	4	
K_{14}	90	−35	55.2	56.3	60.2	94	55.2	0	55.2	4	
K_{21}	90	−35	51.2	53.4	56	94	51.2	0	51.2	4	
K_{22}	90	−35	51.5	53.5	61.5	94	51.5	0	51.5	4	
K_{23}	90	−35	51.6	53.7	61	94	51.6	0	51.6	4	浆液水灰比 1∶1
K_{24}	90	−35	50.5	52.6	56	94	50.5	0	50.5	4	
K_{31}	90	−35	53.5	54	60	94	53.5	0	53.5	4	
K_{32}	90	−35	45.7	48.2	58	94	45.7	0	45.7	4	
K_{33}	90	−35	52.5	54.5	60	94	52.5	0	52.5	4	
K_{34}	90	−35	48.8	51.2	60	94	48.8	0	48.8	4	
K_{10}	90	−35	59.5	61.3	62	113	20	0	20	4	
K_{20}	90	−35	51	53	59.7	113	20	0	20	4	
K_{30}	90	−35	61.8	62	88.7	113	20	0	20	4	

压力表安装后,每日观测并记录压力表示值,各测压钻孔压力读值如表 3-4-36 所列,根据观测的压力结果绘制压力曲线如图 3-4-26～图 3-4-28 所示。第一组抽采钻孔 K_{10} 于 2016 年 8 月 9 日开始抽采,第二组抽采钻孔 K_{20} 于 2016 年 10 月 12 日开始抽采,第三组抽采钻孔 K_{30} 于 2016 年 7 月 11 日开始抽采。

从图 3-4-26～图 3-4-28 可知,测试得到的钻孔压力变化较大,如 K_{31} 稳定后压力高达 5.2 MPa,这主要是因为下向孔测压时,测压孔水压作用所致。根据 3 组压力表示值变化趋势可知,待测钻孔内气体压力增长过程中,钻孔气室内压力开始增长较为缓慢,然后稳定一段时间后又快速增长,压力快速增长主要是由岩层水的作用所致。由于地层下岩层水的水位基本上是较为稳定的,可以认定钻孔瓦斯抽采前后测压钻孔内岩层水压不变。可以根据抽采 30 d 后钻孔实际压力扣除岩层水压,计算得到抽采 30 d 后煤层的实际瓦斯压力,各个钻孔的水压和瓦斯压力计算结果如表 3-4-37 所列。从表 3-4-37 中可知,由于地层的复杂性和岩层裂隙的不确定性,所以各个测压钻孔测算出的水压不同,有些测压钻孔仅为 0.4 MPa,而有些高达 3.8 MPa。考虑到瓦斯的吸附和解吸是一个近似可逆的过程,若岩层水压过大,钻孔测压气室内会完全变成岩层水,瓦斯不能够解吸出来,此时测压钻孔内的压力变化不是因为瓦斯抽采所引起的,这种情况表明瓦斯压力测试无效。只有当测算出来的水压小于瓦斯压力时,测压气室内才会出现气、水共存的情况,此时测算得到的瓦斯压力才有效。

表3-4-36　　潘三煤矿11-2煤层穿层钻孔测压观测记录

日期	各测压钻孔压力/MPa			
	K_{11}	K_{12}	K_{13}	K_{14}
2016-05-15	0	0	0	0
2016-05-16	0	0	0	0
2016-05-17	0.3	0	0.3	0
2016-05-18	0.5	0.2	0.4	0.3
2016-05-19	0.6	0.2	0.4	0.6
2016-05-20	0.8	0.4	0.4	0.6
2016-05-21	1	0.5	0.4	0.8
2016-05-22	1.2	0.6	0.6	1.2
2016-05-23	1.4	0.6	0.8	1.4
2016-05-24	1.6	0.8	0.9	1.2
2016-05-25	1.6	1.1	0.8	1.2
2016-05-26	1.6	1.2	0.8	0.8
2016-05-27	1.6	1.4	1	0.8
2016-05-28	1.6	1.5	1.2	0.8
2016-05-29	1.6	1.5	1.2	1
2016-05-30	1.8	1.5	1.4	1.2
2016-05-31	2.2	1.5	1.4	1.3
2016-06-01	2.2	1.5	1.4	1.5
2016-06-02	2.3	1.5	1.4	1.5
2016-06-03	2.3	1.5	1.4	1.5
2016-06-04	2.3	1.5	1.4	1.5
2016-06-05	2.3	1.5	1.4	1.5

日期	各测压钻孔压力/MPa			
	K_{21}	K_{22}	K_{23}	K_{24}
2016-07-15	0.2	0	0.2	0
2016-07-16	0.3	0	0.2	0
2016-07-17	0.34	0	0.2	0
2016-07-18	0.4	0	0.2	0.2
2016-07-19	0.3	0	0.2	0.2
2016-07-20	0.3	0	0.2	0.4
2016-07-21	0.2	0.2	0.2	0.4
2016-07-22	0.38	0.2	0.4	0.4
2016-07-23	0.38	0.2	0.42	0.4
2016-07-24	0.38	0.4	0.42	0.4
2016-07-25	0.38	0.2	0.42	0.4
2016-07-26	0.2	0.2	0.2	0.6
2016-07-27	0.4	0.3	0.4	0.6
2016-07-28	0.2	0.4	0.4	0.6
2016-07-29	0.4	0.4	0.56	0.6
2016-07-30	0.4	0.5	0.6	0.7
2016-07-31	0.4	0.5	0.6	0.7
2016-08-01	0.4	0.5	0.56	0.8
2016-08-02	0.4	0.4	0.4	0.8
2016-08-03	0.4	0.4	0.6	0.8
2016-08-04	0.4	0.4	0.4	1
2016-08-05	0.4	0.4	0.6	1

日期	各测压钻孔压力/MPa			
	K_{31}	K_{32}	K_{33}	K_{34}
2016-06-10	0	0	0	0
2016-06-11	0.2	0.2	0	0
2016-06-12	0.4	0.24	0.3	0
2016-06-13	0.4	0.24	0.3	0
2016-06-14	0.6	0.4	0.5	0
2016-06-15	0.6	0.6	0.7	0
2016-06-16	0.6	0.8	0.8	0
2016-06-17	0.8	1.2	0.8	0
2016-06-18	0.9	1.4	1.1	0
2016-06-19	1.2	1.4	1.3	0
2016-06-20	1.2	1.4	1.6	0
2016-06-21	1.5	1.4	1.6	0
2016-06-22	1.5	1.4	1.6	0
2016-06-23	1.5	1.4	1.6	0
2016-06-24	1.5	2.6	2	0
2016-06-25	1.5	2.9	3.2	0
2016-06-26	1.5	2.9	4.2	0
2016-06-27	2.08	3.8	4.3	0
2016-06-28	2.8	4.8	4.4	0
2016-06-29	4.2	3.8	4.4	0
2016-06-30	4.4	3.6	4.4	0
2016-07-01	5.2	3.6	4.3	0

续表 3-4-36

日期	各测压钻孔压力/MPa			
	K_{11}	K_{12}	K_{13}	K_{14}
2016-06-06	2.3	1.5	1.4	1.5
2016-06-07	2.3	1.5	1.4	1.5
2016-06-08	2.2	1.6	1.4	1.5
2016-06-09	2.2	1.8	2.2	1.5
2016-06-10	2.2	2	2.4	1.5
2016-06-11	2.2	2	2.4	1.5
2016-06-12	1.2	2	2.6	1.5
2016-06-13	1.8	2	2.8	1.5
2016-06-14	1.8	2	3.2	1.6
2016-06-15	1.8	2	3.6	1.7
2016-06-16	1.8	2	3.6	1.6
2016-06-17	1.8	2	3.6	1.6
2016-06-18	1.86	2	3.7	1.6
2016-06-19	1.86	2	3.7	1.6
2016-06-20	2	1.2	4	2.6
2016-06-21	1.9	1.2	3.9	3.2
2016-06-22	2	1.2	3.9	3.4
2016-06-23	2	1.2	4	3.6
2016-06-24	1.8	1.4	4	3.8
2016-06-25	1.8	1.4	4.1	3.9
2016-06-26	1.8	1.4	4.1	2.4
2016-06-27	1.9	1.4	4.1	2.5

日期	各测压钻孔压力/MPa			
	K_{21}	K_{22}	K_{23}	K_{24}
2016-08-06	0.4	0.5	0.6	1.2
2016-08-07	0.4	0.5	0.6	1.2
2016-08-08	0.4	0.5	0.7	1.4
2016-08-09	0.4	0.6	0.6	1.4
2016-08-10	0.4	0.6	0.6	1.4
2016-08-11	0.4	0.6	0.6	1.4
2016-08-12	0.2	0.6	0.7	1.4
2016-08-13	0.2	0.6	0.7	1.4
2016-08-14	0.4	0.5	0.6	1.4
2016-08-15	0.4	0.5	0.3	1.4
2016-08-16	0.3	0.6	0.7	1.7
2016-08-17	0.3	0.6	0.5	1.7
2016-08-18	0.3	0.6	0.5	1.8
2016-08-19	0.3	0.6	0.5	1.8
2016-08-20	0.4	0.6	0.7	1.8
2016-08-21	0.4	0.6	0.7	1.8
2016-08-22	0.4	0.8	0.6	1.8
2016-08-23	0.4	0.8	0.6	1.8
2016-08-24	0.4	1	0.6	2
2016-08-25	0.3	1	0.6	2
2016-08-26	0.4	1	0.4	1.8
2016-08-27	0.4	1.2	0.7	2.2

日期	各测压钻孔压力/MPa			
	K_{31}	K_{32}	K_{33}	K_{34}
2016-07-02	5.2	3.6	4.5	0
2016-07-03	5.16	3.6	4.46	0
2016-07-04	5.2	3.6	4.5	0
2016-07-05	5.2	3.6	4.5	0
2016-07-06	5.2	3.6	4.5	0
2016-07-07	5.2	3.6	4.6	0
2016-07-08	5.2	3.6	4.5	0
2016-07-09	5.2	3.6	4.54	0
2016-07-10	5.2	3.6	4.5	0
2016-07-11	3.6	3.6	4.5	0
2016-07-12	5.2	3.6	4.6	0
2016-07-13	4.2	3.6	4.6	0
2016-07-14	1.8	4.2	4.4	0
2016-07-15	1.8	4.2	4.4	0
2016-07-16	1.8	4.2	4.4	0
2016-07-17	2.6	4.2	4.4	0
2016-07-18	4	3.4	4.4	0
2016-07-19	4.2	4.1	4.5	0
2016-07-20	4.2	4.2	4.4	0
2016-07-21	4	4.2	4.4	0
2016-07-22	4.1	4.2	4.4	0
2016-07-23	4.1	4.2	4.4	0

续表 3-4-36

日期	各测压钻孔压力/MPa				日期	各测压钻孔压力/MPa				日期	各测压钻孔压力/MPa			
	K_{11}	K_{12}	K_{13}	K_{14}		K_{21}	K_{22}	K_{23}	K_{24}		K_{31}	K_{32}	K_{33}	K_{34}
2016-06-28	1.8	1.4	4.2	2.8	2016-08-28	0.4	1.2	0.8	2.2	2016-07-24	4.5	4.1	4.4	0
2016-06-29	1.8	1.4	4.2	2.8	2016-08-29	0.4	1.3	0.7	2.2	2016-07-25	4.5	4.2	4.4	0
2016-06-30	1.8	1.6	4	3.6	2016-08-30	0.4	1.3	0.7	2.2	2016-07-26	4	4.2	4.4	0
2016-07-01	1.9	1.6	4	4	2016-08/31	0.4	1.3	0.7	2.2	2016-07-27	4	4.2	4.4	0
2016-07-02	1.9	1.6	4	4	2016-09-01	0.4	1.3	0.6	2	2016-07-28	4	4.2	4.4	0
2016-07-03	1.96	1.6	4	4	2016-09-02	0.2	1.3	0.8	2.1	2016-07-29	4	4	4.4	0
2016-07-04	1.9	1.6	4	4	2016-09-03	0.2	1.3	0.6	1.2	2016-07-30	4	4.2	4.4	0
2016-07-05	2	1.4	4.1	4.2	2016-09-04	0.3	1.3	0.6	2.1	2016-07-31	3.6	3.8	4.4	0
2016-07-06	2	1.4	4.1	4.2	2016-09-05	0.3	1.3	0.6	2.1	2016-08-01	3.6	3.8	4.4	0
2016-07-07	1.8	1.6	4.2	4.3	2016-09-06	0.4	1.6	0.6	2.2	2016-08-02	3.6	3.8	4.4	0
2016-07-08	2	1.4	4.2	4.44	2016-09-07	0.4	1.6	0.6	2.2	2016-08-03	3.2	3.8	4.4	0
2016-07-09	2	1.4	4.2	4.2	2016-09-08	0.2	1.6	0.6	2.4	2016-08-04	3.2	3.8	4.4	0
2016-07-10	2.2	1.4	4.2	4.4	2016-09-09	0.2	1.6	0.6	2.4	2016-08-05	3.2	3.8	4.4	0
2016-07-11	2.2	1.4	4.2	4.4	2016-09-10	0.4	1.6	0.6	2.2	2016-08-06	2.8	3.8	4.4	0.4
2016-07-12	2.2	1.6	4.2	4.4	2016-09-11	0.4	1.6	0.6	2.2	2016-08-07	2.6	4	4.4	0.3
2016-07-13	2.2	1.6	4.2	4.4	2016-09-12	0.4	1.6	0.6	2.2	2016-08-08	2.6	4	4.4	0.3
2016-07-14	2.2	1.6	4.2	4.4	2016-09-13	0.4	1.6	0.6	2.2	2016-08-09	2.6	4	4.4	0.3
2016-07-15	2	1.8	4.2	4.3	2016-09-14	0.4	1.6	0.6	2.2	2016-08-10	2.6	4.2	4.4	0.3
2016-07-16	2.1	1.5	4.2	4.4	2016-09-15	0.4	1.6	0.6	2.2	2016-08-11	2.6	4.2	4.4	0.3
2016-07-17	2	1.8	4.2	4.4	2016-09-16	0.2	1.6	0.6	2.1	2016-08-12	2.6	4.2	4.4	0.3
2016-07-18	2.2	1.6	4.2	4.4	2016-09-17	0.3	1.6	0.6	2.2	2016-08-13	2.6	4.2	4.4	0.3
2016-07-19	2	1.8	4.2	4.4	2016-09-18	0.3	1.6	0.6	2.2	2016-08-14	2.6	4.2	4.4	0.3

续表 3-4-36

日期	各测压钻孔压力/MPa			
	K_{11}	K_{12}	K_{13}	K_{14}
2016-07-20	2.1	1.7	4.2	4.5
2016-07-21	2	1.8	4.2	4.4
2016-07-22	2.2	1.7	4.22	4.6
2016-07-23	2.22	1.7	4.24	4.6
2016-07-24	2.22	1.7	4.22	4.6
2016-07-25	2.2	1.7	4.2	4.6
2016-07-26	2	1.9	4.2	4.4
2016-07-27	2.2	1.9	4.2	4.6
2016-07-28	2.51	1.9	4.25	4.62
2016-07-29	2.6	1.9	4.24	4.6
2016-07-30	2.6	1.9	4.2	4.5
2016-07-31	2.6	1.9	4.2	4.5
2016-08-01	2.6	1.9	4.2	4.6
2016-08-02	2.6	1.9	4.2	4.6
2016-08-03	2.6	1.9	4.1	4.4
2016-08-04	2.6	1.9	4.2	4.4
2016-08-05	2.6	1.9	4.2	4.4
2016-08-06	2.6	1.9	4.2	4.4
2016-08-07	2.6	1.9	4.2	4.4
2016-08-08	2.6	1.9	4.4	4.4
2016-08-09	2.6	1.9	4.2	4.4
2016-08-10	2.6	1.9	4.2	4.4

日期	各测压钻孔压力/MPa			
	K_{21}	K_{22}	K_{23}	K_{24}
2016-09-19	0.4	1.6	0.6	2.2
2016-09-20	0.4	1.6	0.6	2.1
2016-09-21	0.4	1.4	0.6	2
2016-09-22	0.4	1.5	0.64	2
2016-09-23	0.4	1.5	0.64	2
2016-09-24	0.4	1.5	0.6	2.3
2016-09-25	0.4	1.6	0.6	2.2
2016-09-26	0.4	1.4	0.6	2.2
2016-09-27	0.4	1.4	0.6	2.2
2016-09-28	0.4	1.5	0.6	2.3
2016-09-29	0.4	1.6	0.6	2.2
2016-09-30	0.4	1.6	0.6	2.2
2016-10-01	0.4	1.6	0.6	2.2
2016-10-02	0.3	1.5	0.6	2.1
2016-10-03	0.4	1.6	0.6	2.2
2016-10-04	0.3	1.6	0.6	2.2
2016-10-05	0.3	1.4	0.6	2.2
2016-10-06	0.3	1.4	0.6	2.2
2016-10-07	0.4	1.4	0.6	2
2016-10-08	0.6	1.6	0.6	2
2016-10-09	0.6	1.6	0.6	2.2
2016-10-10	0.4	1.6	0.6	2.2

日期	各测压钻孔压力/MPa			
	K_{31}	K_{32}	K_{33}	K_{34}
2016-08-15	2.6	4.2	4.4	0.3
2016-08-16	2.71	4.1	4.4	0.3
2016-08-17	2.7	4.1	4.4	0.3
2016-08-18	2.7	4.1	4.4	0.3
2016-08-19	2.6	4.2	4.5	0.3
2016-08-20	2.6	4.2	4.5	0.3
2016-08-21	2.6	4.2	4.4	0
2016-08-22	2.6	4.2	4.4	0
2016-08-23	3.2	4.2	4.2	0.2
2016-08-24	3.2	4.2	4.2	0.2
2016-08-25	2.6	4.2	4.2	0.2
2016-08-26	2.6	4.2	3.2	0.2
2016-08-27	2.6	4.2	3.2	0.2

续表 3-4-36

日期	各测压钻孔压力/MPa				日期	各测压钻孔压力/MPa				日期	各测压钻孔压力/MPa			
	K_{11}	K_{12}	K_{13}	K_{14}		K_{21}	K_{22}	K_{23}	K_{24}		K_{31}	K_{32}	K_{33}	K_{34}
2016-08-11	2.6	1.8	4.2	4.4	2016-10-11	0.4	1.6	0.6	2.2					
2016-08-12	2.6	1.6	4.4	4.4	2016-10-12	0.6	1.6	0.6	2.2					
2016-08-13	2.6	1.7	4.3	4.4	2016-10-13	0.4	1.5	0.6	2.1					
2016-08-14	2.4	1.8	4.2	4.4	2016-10-14	0.4	1.4	0.6	2.2					
2016-08-15	2.6	1.8	4.3	4.5	2016-10-15	0.4	1.5	0.6	2.2					
2016-08-16	2.4	1.8	4.25	4.55	2016-10-16	0.4	1.5	0.6	2.2					
2016-08-17	2.5	1.7	4.3	4.4	2016-10-17	0.4	1.4	0.6	2.1					
2016-08-18	2.5	1.7	4.3	4.4	2016-10-18	0.2	1.4	0.6	2.2					
2016-08-19	2.5	1.7	4.3	4.4	2016-10-19	0.3	1.4	0.6	2.2					
2016-08-20	2.5	1.62	4.22	4.61	2016-10-20	0.3	1.4	0.6	2.2					
2016-08-21	2.5	1.7	4.2	4.5	2016-10-21	0.3	1.3	0.6	2.2					
2016-08-22	2.6	1.6	4.2	4.6	2016-10-22	0.2	1.2	0.6	2.2					
2016-08-23	2.6	1.6	4	2.8	2016-10-23	0.2	0.8	0.6	2.2					
2016-08-24	2.6	1.6	4	3	2016-10-24	0.2	0.9	0.6	2.2					
2016-08-25	2.5	1.6	4	3	2016-10-25	0.4	0.8	0.6	2.2					
2016-08-26	2.8	1.6	4	2.5	2016-10-26	0.3	0.8	0.6	2					
2016-08-27	2.5	1.5	4	3.1	2016-10-27	0.3	0.76	0.6	2.2					
2016-08-28	2.5	1.4	4	3.4	2016-10-28	0.4	0.8	0.6	2.2					
2016-08-29	2.6	1.5	4	3.2	2016-10-29	0.4	0.8	0.6	2					
2016-08-30	2.6	1.5	4	3.2	2016-10-30	0.4	0.9	0.6	2.2					
2016-08-31	2.3	1.5	4	3.2	2016-10-31	0.4	0.8	0.6	2					
2016-09-01	2	1.5	3.56	2.82	2016-11-01	0.4	0.8	0.6	2					

续表 3-4-36

日期	各测压钻孔压力/MPa			
	K_{11}	K_{12}	K_{13}	K_{14}
2016-09-02	2	1.6	3.5	2.9
2016-09-03	2.1	1.6	3.4	3
2016-09-04	1.9	1.4	3	2.8
2016-09-05	1.9	1.4	3	2.8
2016-09-06	1.6	1.2	2.16	0.99
2016-09-07	1.6	1	2.16	0.99
2016-09-08	1.6	0.8	2.16	1.5
2016-09-09	1.6	0.8	2.1	1.5
2016-09-10	1.6	0.8	2.1	1.4
2016-09-11	1.6	0.8	2.2	1.6
2016-09-12	1.5	0.6	2.2	1.6
2016-09-13	1.5	0.6	2.2	2

日期	各测压钻孔压力/MPa				各测压钻孔压力/MPa			
	K_{21}	K_{22}	K_{23}	K_{24}	K_{31}	K_{32}	K_{33}	K_{34}
2016-11-02	0.3	0.8	0.6	2.2				
2016-11-03	0.4	0.8	0.6	2.2				
2016-11-04	0.4	0.8	0.6	2.2				
2016-11-05	0.4	0.8	0.6	2.2				
2016-11-06	0.4	0.8	0.6	2.2				
2016-11-07	0.4	0.6	0.6	2.2				
2016-11-08	0.4	0.8	0.6	2.2				
2016-11-09	0.4	0.8	0.6	2.2				
2016-11-10	0.4	0.8	0.6	2.2				
2016-11-11	0.3	0.8	0.6	2.2				
2016-11-12	0.38	0.8	0.6	2.2				
2016-11-13	0.38	0.8	0.62	2.2				

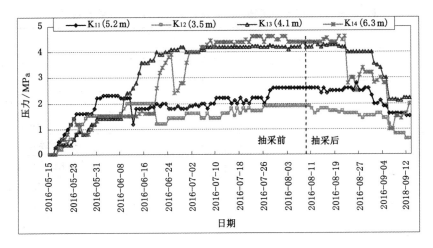

图 3-4-26　潘三煤矿 11-2 煤层岩石回风巷第一组测压钻孔压力随时间变化趋势图

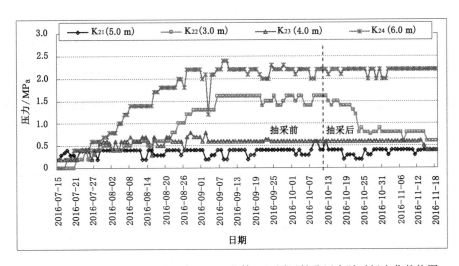

图 3-4-27　潘三煤矿 11-2 煤层岩石回风巷第二组测压钻孔压力随时间变化趋势图

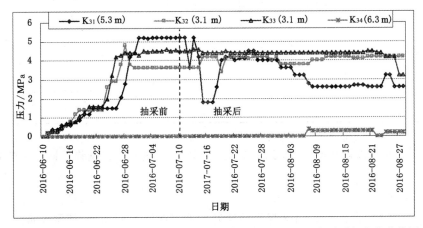

图 3-4-28　潘三煤矿 11-2 煤层岩石回风巷第三组测压钻孔压力随时间变化趋势图

表 3-4-37　　　潘三煤矿 11-2 煤层穿层钻孔抽采前后瓦斯压力及水压测算结果

孔号	距抽采孔/m	抽采前			抽采 30 d 后		备注
		带水压力/MPa	实际瓦斯压力/MPa	水压/MPa	带水压力/MPa	残余瓦斯压力/MPa	
K_{11}	5.2	2.6	1.6	1	1.6	0.6	数据有效
K_{12}	3.5	1.9	1.5	0.4	0.9	0.5	数据有效
K_{13}	4.1	4.3	1.4	2.9	2.2	/	抽采前水压过大,无效
K_{14}	6.3	4.5	1.5	3	2.3	/	抽采前水压过大,无效
K_{21}	5	0.4	/	0.4	0.4	/	漏气,失效
K_{22}	3	1.6	1.3	0.3	0.8	0.5	数据有效
K_{23}	4	0.6	/	0.6	0.4	/	漏气,失效
K_{24}	6	2.2	1.4	0.8	1.8	1	数据有效
K_{31}	5.3	5.3	1.5	3.8	2.7	/	抽采前水压过大,无效
K_{32}	3.1	3.72	1.4	2.32	4.2	/	抽采前水压过大,无效
K_{33}	3.1	4.6	1.6	3	4.5	/	抽采前水压过大,无效
K_{34}	6.3	0		0	0.3	/	漏气,失效

根据有效测压孔在抽采前和抽采 30 d 后的瓦斯压力值,计算求得抽采前后的瓦斯含量及抽采钻孔的瓦斯抽采率,如表 3-4-38 所列。

表 3-4-38　　　潘三煤矿 11-2 煤层有效测压钻孔抽采前后的瓦斯压力及含量

孔号	距抽采孔距离/m	抽采前瓦斯压力/MPa	抽采前瓦斯含量/(m³/t)	抽采 30 d 后		抽采率/%	是否达标	备注
				残余压力/MPa	残余瓦斯含量/(m³/t)			
K_{11}	5.2	1.6	6.942	0.6	4.126	40.56	是	抽采率>30%,且残余压力<0.74 MPa
K_{12}	3.5	1.5	6.754	0.5	3.656	45.87	是	抽采率>30%,且残余压力<0.74 MPa
K_{22}	3	1.3	6.335	0.5	3.656	42.29	是	抽采率>25%,且残余压力<0.74 MPa
K_{24}	6	1.4	6.552	1	5.564	15.08	否	抽采率<30%,且残余压力>0.74 MPa

从表 3-4-38 可以得到抽采 30 d 后东一二水平 11-2 煤岩石回风巷瓦斯抽采的有效抽采半径为 5.2 m。

3.4.2.4　朱集东矿 11-2 煤层

根据现场条件,朱集东矿 11-2 煤层钻孔开孔地点选择在 1151(1)切眼顶板巷,采用下向钻孔向 1151(1)切眼施工下向钻孔,如图 3-4-29 所示。

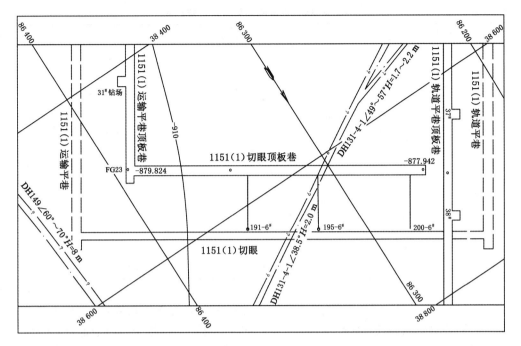

图 3-4-29 朱集东矿 1151(1)切眼下向钻孔测试布置图

测试方法采用瓦斯压力和瓦斯含量下降联合方法,钻孔布置如图 3-4-30 所示。首先施工压力测试钻孔 $K_{11} \sim K_{16}$,进行瓦斯压力测试,当压力曲线稳定后,施工抽采钻孔 K_{10},并进行合茬抽采瓦斯。需要注意的是,施工瓦斯压力测试钻孔及抽采钻孔时,当钻孔见煤后,采用直接法进行煤层瓦斯含量测试。抽采钻孔抽采 30 d 后,施工瓦斯含量测试钻孔 $H_{11} \sim H_{14}$。根据抽采后瓦斯压力下降情况及测试区域内各钻孔位置瓦斯含量下降情况综合判断钻孔抽采半径。测试钻孔布置参数如表 3-4-39 所列。

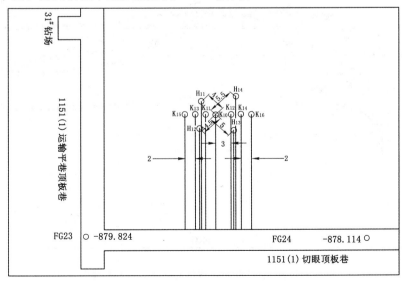

图 3-4-30 朱集东矿 11-2 煤层测试钻孔布置图

表 3-4-39 朱集东矿 11-2 煤层测试钻孔布置参数表

孔号	与巷道中线夹角/(°)	平距/m	倾角/(°)	终孔深度/m	备注
K_{10}	90	25.6	−45.7	41.6	抽采孔
K_{11}	90	25.6	−45.6	41.6	瓦斯压力测试孔
K_{12}	90	25.6	−45.9	41.8	
K_{13}	90	25.6	−45.4	41.5	
K_{14}	90	25.6	−46	41.8	
K_{15}	90	25.6	−45.3	41.4	
K_{16}	90	25.6	−46.1	41.9	
H_{11}	90	28.4	−42.6	43.6	瓦斯含量测试孔
H_{12}	90	22.4	−49.4	39.4	
H_{13}	90	22.1	−50.1	39.4	
H_{14}	90	29.6	−41.7	44.7	

瓦斯压力测试结果如图 3-4-31 所示。从测试结果看,各测压钻孔从 2016 年 10 月 27 日开始测压,随着时间的延长,各测压钻孔的压力开始逐渐上升并趋于一稳定值,但各钻孔压力稳定时间不一,最短的为 K_{16} 钻孔,12 d 压力即已稳定,最长的为 K_{12} 钻孔,经历了约 25 d 才稳定。抽采钻孔抽采瓦斯后,各钻孔压力均有下降,但下降幅度不一。除 K_{15} 和 K_{16} 下降幅度较小外,其他几个测试钻孔的压力下降幅度基本都在 37% 左右,且各测压钻孔测试的瓦斯压力基本由原先高于 0.74 MPa 下降至 0.74 MPa 以下了。仅从压力变化角度看,经历 30 d 抽采,距离抽采钻孔约 5 m 范围内的钻孔,均在有效抽采范围内。

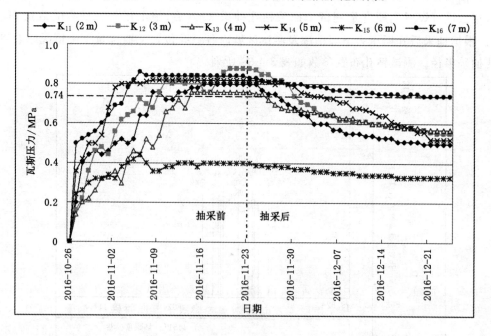

图 3-4-31 朱集东矿 11-2 煤层瓦斯压力变化趋势图

瓦斯含量测试结果如表 3-4-40 所列。以抽采前钻孔瓦斯含量均值为测试区域煤层瓦斯含量,计算距抽采孔不同距离的钻孔瓦斯含量下降情况如表 3-4-41 所列。可以看出,距离抽采钻孔 4～5.5 m 的钻孔测算的瓦斯含量的范围是 3.34～3.65 m³/t,均小于抽采前测试钻孔瓦斯含量均值 4.896 7 m³/t,说明经过 30 d 抽采,抽采孔 5.5 m 范围的瓦斯含量下降较为明显。各含量测试钻孔的瓦斯含量分别是原始瓦斯含量均值的 31.65%、28.97%、29.17% 和 25.49%,均超过了抽采半径定义的数值要求。可以认定,采用瓦斯含量法测试的钻孔有效抽采半径为 5.5 m。

表 3-4-40　　　　　　　　朱集东矿 11-2 煤层瓦斯含量测试结果　　　　　　　　单位:m³/t

钻孔	W_1	W_2	W_3	W_a	W_c	W
K_{11}	0.185 9	0.137 4	3.676 6	3.999 9	0.879 5	4.879 4
K_{12}	0.140 1	0.166 9	3.671 5	3.978 5	0.879 5	4.858
K_{13}	0.128 8	0.141	3.697 7	3.967 5	0.879 5	4.847
K_{14}	0.149 3	0.160 3	3.573 6	3.883 2	0.879 5	4.762 7
K_{15}	0.159	0.178 3	3.726 8	4.064 1	0.879 5	4.943 6
K_{16}	0.166 8	0.249	3.793 9	4.209 7	0.879 5	5.089 2
H_{11}	0.142	0.171 5	2.154 1	2.467 6	0.879 5	3.347 1
H_{12}	0.126 3	0.169 8	2.302 3	2.598 4	0.879 5	3.477 9
H_{13}	0.144 6	0.144 4	2.3	2.589	0.879 5	3.468 5
H_{14}	0.165 5	0.196 7	2.406 6	2.768 8	0.879 5	3.648 3

表 3-4-41　　　　　　　　　　　　钻孔瓦斯含量下降表

孔号	H_{11}	H_{12}	H_{13}	H_{14}	备注
距抽采孔距离/m	4	4.5	5	5.5	
瓦斯含量/(m³/t)	3.347 1	3.477 9	3.468 5	3.648 3	原始 4.896 7
下降率/%	31.65	28.97	29.17	25.49	

从安全角度出发,则朱集东矿 11 煤下向穿层钻孔有效抽采半径为 5 m。

3.4.2.5　顾北煤矿 6 煤层

根据顾北煤矿采掘布局和采掘安排计划,选择在南翼 8-6-2 采区 6-2 煤底板矸石胶带机巷开展穿层钻孔抽采半径试验,施工位置如图 3-4-32 所示,开孔点布置如图 3-4-33 所示。

试验中设计了 3 组钻孔,钻孔设计如图 3-4-33 所示,各钻孔垂直巷帮,3 个抽采孔,6 个测压孔,钻孔参数如表 3-4-42 所列,2016 年 11 月 17 日开始施工钻孔,12 月 12 日开始抽采。

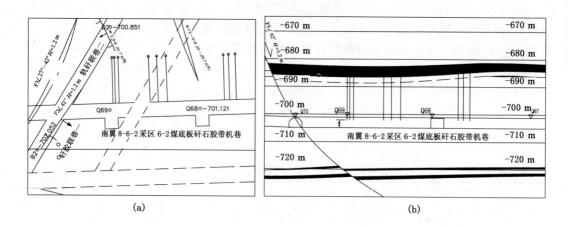

图 3-4-32　顾北煤矿 6 煤层穿层钻孔试验地点布置图

(a) 平面图；(b) 剖面图

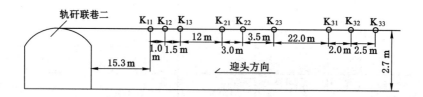

图 3-4-33　顾北煤矿 6 煤层钻孔开孔点示意图

表 3-4-42　　　　　　　　　　　顾北煤矿 6 煤层穿层钻孔参数表

孔类型	孔号	半径/m	设计参数				施工参数			
			方位角/(°)	倾角/(°)	见止煤/m	孔深/m	方位角/(°)	倾角/(°)	见煤深/m	终孔深/m
抽采孔	K_{12}	0.0	90	46.0	24.0~26.0	25.0	90	46.0	23.0	25.5
	K_{22}	0.0	90	45.0	24.0~26.0	25.0	90	45.6	22.5	25.0
	K_{32}	0.0	90	48.0	24.0~26.0	25.0	90	48.0	23.3	25.8
测压孔	K_{11}	1.0	90	45.0	23.0~25.0	25.0	90	45.6	22.9	25.4
	K_{13}	1.5	90	46.0	24.0~26.5	26.5	90	45.8	23.0	25.5
	K_{31}	2.0	90	45.0	22.5~25.0	25.0	90	47.8	23.5	26.0
	K_{33}	2.5	90	45.0	22.5~25.0	25.0	90	48.2	22.5	25.0
	K_{21}	3.0	90	47.0	26.8~28.5	28.5	90	45.5	22.3	24.8
	K_{23}	3.5	90	47.0	27.5~30.0	30.0	90	45.8	22.3	24.8

　　抽采孔施工完成后，观察各测压孔的压力变化，压力观测结果如表 3-4-43 所列，图 3-4-34 为测压孔的压力监测变化趋势图，穿层孔钻孔压力测试结果对比如表 3-4-44 所列。

表 3-4-43　　　　　　　　顾北煤矿 6 煤层穿层钻孔压力测试数据表

日期	钻孔压力/MPa					
	K_{11}	K_{13}	K_{21}	K_{23}	K_{31}	K_{33}
2016-11-20	0.00	0.00	/	/	/	/
2016-11-21	0.25	0.35	/	/	/	/
2016-11-22	0.26	0.40	/	/	/	/
2016-11-23	0.40	0.45	0.00	/	/	/
2016-11-24	0.45	0.45	0.35	0.00	/	0.00
2016-11-25	0.60	0.40	0.55	0.20	0.00	0.20
2016-11-26	0.80	0.50	0.55	0.35	0.50	0.80
2016-11-27	0.95	0.80	0.85	0.40	1.30	1.20
2016-11-28	1.25	1.05	1.30	0.40	2.20	1.70
2016-11-29	1.25	1.20	1.50	0.60	2.40	2.20
2016-11-30	1.25	1.25	1.90	0.85	2.50	2.50
2016-12-01	1.25	1.50	2.10	0.90	2.45	2.50
2016-12-02	1.25	1.60	2.00	1.10	2.45	2.50
2016-12-03	1.25	1.80	2.10	1.10	2.50	2.60
2016-12-04	1.25	1.80	2.10	1.10	2.50	2.60
2016-12-05	1.25	1.80	2.10	1.10	2.50	2.70
2016-12-06	1.25	1.80	2.10	1.10	2.50	2.70
2016-12-07	1.25	1.80	2.10	1.10	2.50	2.70
2016-12-08	1.25	1.80	2.10	1.10	2.50	2.70
2016-12-09	1.25	1.80	2.10	1.10	2.50	2.70
2016-12-10	1.25	1.80	2.10	1.10	2.50	2.70
2016-12-11	1.25	1.80	2.10	1.10	2.50	2.70
2016-12-12	1.25	1.80	2.10	1.10	2.50	2.70
2016-12-13	1.25	1.80	2.10	1.10	2.50	2.70
2016-12-14	1.20	1.80	2.10	1.10	2.50	2.70
2016-12-15	1.10	1.75	2.10	1.10	2.50	2.70
2016-12-16	1.00	1.60	2.10	1.10	2.50	2.70
2016-12-17	0.90	1.45	2.10	1.10	2.20	2.65
2016-12-18	0.90	1.50	2.10	1.00	2.10	2.50
2016-12-19	0.90	1.50	2.10	1.00	2.00	2.50
2016-12-20	0.85	1.40	2.00	0.90	2.00	2.60
2016-12-21	0.80	1.35	2.00	0.80	2.00	2.40
2016-12-22	0.70	1.30	1.90	0.90	1.80	2.30
2016-12-23	0.70	1.30	1.85	0.85	1.90	2.25
2016-12-24	0.75	1.20	1.90	0.90	1.80	2.30

日期	钻孔压力/MPa					
	K_{11}	K_{13}	K_{21}	K_{23}	K_{31}	K_{33}
2016-12-25	0.70	1.30	1.55	0.90	1.60	2.20
2016-12-26	0.70	1.10	1.60	0.90	1.50	2.10
2016-12-27	0.70	0.90	1.50	0.95	1.60	2.10
2016-12-28	0.50	1.00	1.50	0.80	1.25	2.00
2016-12-29	0.50	0.70	1.50	0.80	1.10	1.80
2016-12-30	0.40	0.70	1.40	0.80	0.90	1.90
2016-12-31	0.30	0.70	1.35	0.75	0.80	1.70
2017-01-01	0.30	0.60	1.20	0.70	0.75	1.70
2017-01-02	0.30	0.70	1.10	0.70	0.70	1.20
2017-01-03	0.25	0.55	1.00	0.65	0.50	0.85
2017-01-04	0.25	0.50	0.80	0.65	0.50	0.90
2017-01-05	0.25	0.50	0.70	0.65	0.40	0.70
2017-01-06	0.15	0.30	0.75	0.65	0.40	0.75
2017-01-07	0.15	0.30	0.60	0.65	0.50	0.60
2017-01-08	0.15	0.30	0.55	0.65	0.50	0.50
2017-01-09	0.25	0.25	0.60	0.65	0.40	0.50
2017-01-10	0.25	0.20	0.50	0.65	0.40	0.50
2017-01-11	0.20	0.20	0.50	0.65	0.40	0.40
2017-01-12	0.20	0.20	0.40	0.65	0.50	0.40
2017-01-13	0.20	0.20	0.40	0.60	0.45	0.40
2017-01-14	0.20	0.20	0.40	0.60	0.45	0.40
2017-01-15	0.20	0.20	0.40	0.60	0.45	0.40
2017-01-16	0.20	0.20	0.40	0.60	0.45	0.40
2017-01-17	0.20	0.20	0.40	0.60	0.45	0.40
2017-01-18	0.15	0.15	0.40	0.60	0.45	0.40
2017-01-19	0.15	0.15	0.40	0.60	0.45	0.40
2017-01-20	0.15	0.15	0.40	0.60	0.45	0.40
2017-01-21	0.15	0.15	0.40	0.60	0.45	0.40
2017-01-22	0.15	0.15	0.40	0.60	0.45	0.40
2017-01-23	0.15	0.15	0.40	0.60	0.45	0.40
2017-01-24	0.15	0.15	0.35	0.60	0.43	0.40
2017-01-25	0.15	0.15	0.35	0.60	0.43	0.40
2017-01-26	0.15	0.15	0.35	0.60	0.43	0.40

续表 3-4-43

日期	钻孔压力/MPa					
	K_{11}	K_{13}	K_{21}	K_{23}	K_{31}	K_{33}
2017-01-27	0.15	0.15	0.35	0.60	0.43	0.40
2017-01-28	0.15	0.15	0.35	0.60	0.43	0.40
2017-01-29	0.15	0.15	0.35	0.60	0.43	0.40
2017-01-30	0.15	0.15	0.35	0.60	0.43	0.40
2017-01-31	0.15	0.15	0.35	0.60	0.43	0.40
2017-02-01	0.15	0.15	0.35	0.60	0.43	0.40
2017-02-02	0.15	0.15	0.35	0.60	0.43	0.40
2017-02-03	0.15	0.15	0.35	0.60	0.43	0.40
2017-02-04	0.15	0.15	0.35	0.60	0.43	0.40
2017-02-05	0.15	0.15	0.35	0.60	0.43	0.40
2017-02-06	0.15	0.15	0.35	0.60	0.43	0.35
2017-02-07	0.15	0.15	0.35	0.60	0.43	0.35
2017-02-08	0.15	0.15	0.35	0.60	0.43	0.35
2017-02-09	0.15	0.15	0.35	0.60	0.43	0.35
2017-02-10	0.15	0.15	0.35	0.60	0.43	0.35
2017-02-11	0.15	0.15	0.35	0.60	0.43	0.35
2017-02-12	0.15	0.15	0.35	0.60	0.43	0.35

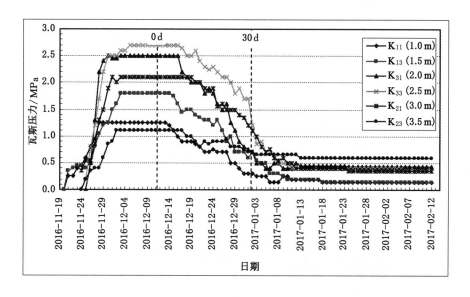

图 3-4-34 顾北煤矿 6 煤层穿层钻孔测压孔压力变化趋势图

表 3-4-44   **顾北煤矿 6 煤层穿层孔钻孔压力测试结果对比表**

孔类型	孔号	半径/m	抽采前压力值/MPa	抽采后压力值/MPa			抽采后压力下降率/%		
				30 d	40 d	50 d	30 d	40 d	50 d
抽采孔	K_{12}	0.0	/	/	/	/	/	/	/
	K_{22}	0.0	/	/	/	/	/	/	/
	K_{32}	0.0	/	/	/	/	/	/	/
测压孔	K_{11}	1.0	1.25	0.20	0.15	0.15	84.0	88.0	88.0
	K_{13}	1.5	1.80	0.20	0.15	0.15	88.9	91.7	91.7
	K_{31}	2.0	2.70	0.40	0.35	0.35	85.2	87.0	87.0
	K_{33}	2.5	2.50	0.40	0.35	0.35	84.0	86.0	86.0
	K_{21}	3.0	2.10	0.50	0.43	0.43	76.2	79.5	79.5
	K_{23}	3.5	1.10	0.65	0.60	0.60	45.5	45.5	45.5

由表 3-4-44 和图 3-4-34 的测试结果可以看出：抽采 30 d 后，距离抽采孔 3.5 m 及以内处钻孔压力下降率都超过 45%，根据瓦斯压力测算有效抽采半径的方法，顾北矿南翼 8-6-2采区 6-2 煤底板矸石胶带机巷瓦斯压力下降率达到 43.9% 即可，因此，可判定顾北矿南翼8-6-2采区 6-2 煤底板矸石胶带机巷穿层孔有效抽采半径为 3.5 m。

3.4.2.6 顾桥煤矿 11-2 煤层

根据顾桥煤矿采掘布局和采掘安排计划，选择在顾桥中央区 1125(1) 运输平巷底板巷开展穿层钻孔抽采半径试验，如图 3-4-35 所示，1125(1) 运输平巷底板巷巷道底板标高−877.6～−938.4 m。根据 11-2 煤层已掘进巷道的相关瓦斯资料分析，预计该处 11-2 煤层瓦斯压力约 1.05 MPa，瓦斯含量约 6.5 m^3/t。该巷道上覆 11-2 煤层平均厚度约3.1 m，煤层倾角约 1°～5°，煤层结构简单。巷道顶板距 11-2 煤层法距预计为 24.7～44.9 m。试验设计了 2 组钻孔，各测试孔间距保持 1 m 以上，控制测试精度 0.5 m，钻孔抽采瓦斯影响范围计划试验 2～6 m 区间。穿层孔抽采半径测试布置如图 3-4-36 所示。钻孔施工参数如表 3-4-45 所列。

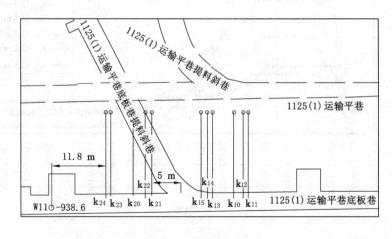

图 3-4-35   顾桥煤矿 11-2 煤层穿层孔抽采半径试验地点

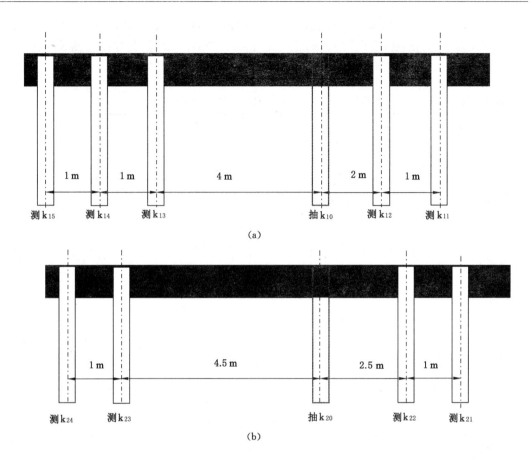

(a)

(b)

图 3-4-36 顾桥煤矿 11-2 煤层穿层钻孔抽采半径测试布置图

(a)第一组穿层孔施工方案;(b)第二组穿层孔施工方案

表 3-4-45 顾桥煤矿 11-2 煤层穿层钻孔施工参数表

孔类型	孔号	半径/m	方位角/(°)	倾角/(°)	见煤深/m	止煤深/m	终孔深/m
抽采孔	k_{10}	0.0	90	60	44.9	47	47
	k_{20}	0.0	90	60	44.9	47	47
测压孔	k_{12}	2.0	90	60	44.9	47	47
	k_{22}	2.5	90	60	44.9	47	47
	k_{11}	3.0	90	60	44.9	47	47
	k_{21}	3.5	90	60	44.9	47	47
	k_{13}	4.0	90	60	44.9	47	47
	k_{23}	4.5	90	60	44.9	47	47
	k_{14}	5.0	90	60	44.9	47	47
	k_{24}	5.5	90	60	44.9	47	47
	k_{15}	6.0	90	60	44.9	47	47

顾桥矿穿层测压孔于 2016 年 7 月 30 日至 8 月 10 日施工完成,8 月 13 日开始观测各穿

层孔压力数据,至 9 月 27 日各钻孔数据压力完全稳定,抽采孔施工完成后,连续 60 d 观测各测压孔的压力变化,各测压孔的压力测定结果如表 3-4-46 所列,各穿层孔测试孔压力观测如图 3-4-37 所示,各测压钻孔抽采前后瓦斯压力对比如表 3-4-47 所列。

表 3-4-46　　　　　　　　　顾桥煤矿 11-2 煤层穿层钻孔瓦斯压力测试结果

孔号 日期	k_{12} /MPa	k_{22} /MPa	k_{11} /MPa	k_{21} /MPa	k_{13} /MPa	k_{23} /MPa	k_{14} /MPa	k_{24} /MPa	k_{15} /MPa
距抽采孔/m	2	2.5	3	3.5	4	4.5	5	5.5	6
2016-08-13	0	0	0	0	0	0	0	0	0
2016-08-14	0.02	0.1	0	0	0	0	0	0.08	0.05
2016-08-15	0.04	0.16	0	0.01	0	0	0	0.16	0.09
2016-08-16	0.07	0.21	0	0.02	0	0	0	0.19	0.13
2016-08-17	0.1	0.32	0	0.02	0	0	0.02	0.22	0.17
2016-08-18	0.13	0.45	0.02	0.04	0	0	0.02	0.25	0.21
2016-08-19	0.15	0.53	0.02	0.07	0	0	0.02	0.31	0.24
2016-08-20	0.16	0.52	0.04	0.08	0	0	0.02	0.36	0.25
2016-08-21	0.18	0.51	0.04	0.1	0	0	0.02	0.4	0.24
2016-08-22	0.17	0.53	0.05	0.12	0	0.02	0.02	0.42	0.24
2016-08-23	0.16	0.52	0.05	0.16	0	0.02	0.02	0.45	0.25
2016-08-24	0.16	0.52	0.05	0.2	0	0.02	0.02	0.45	0.25
2016-08-25	0.17	0.52	0.05	0.23	0	0.02	0.03	0.46	0.25
2016-08-26	0.17	0.52	0.05	0.25	0	0.02	0.03	0.46	0.25
2016-08-27	0.16	0.52	0.05	0.28	0	0.02	0.03	0.46	0.25
2016-08-28	0.18	0.52	0.05	0.3	0	0.02	0.03	0.46	0.26
2016-08-29	0.18	0.52	0.05	0.3	0	0.02	0.03	0.46	0.26
2016-08-30	0.18	0.52	0.05	0.3	0	0.02	0.03	0.46	0.26
2016-08-31	0.18	0.52	0.05	0.3	0	0.02	0.03	0.46	0.26
2016-09-01	0.18	0.53	0.07	0.33	0	0.02	0.03	0.47	0.28
2016-09-02	0.18	0.53	0.07	0.35	0	0.02	0.03	0.47	0.28
2016-09-03	0.18	0.53	0.09	0.35	0	0.02	0.03	0.5	0.29
2016-09-04	0.19	0.53	0.1	0.35	0	0.02	0.03	0.5	0.3
2016-09-05	0.21	0.53	0.11	0.39	0	0.02	0.03	0.5	0.3
2016-09-06	0.23	0.53	0.11	0.39	0	0.02	0.03	0.5	0.3
2016-09-07	0.22	0.53	0.12	0.4	0	0.02	0.03	0.51	0.31
2016-09-08	0.24	0.54	0.12	0.4	0	0.02	0.03	0.51	0.3
2016-09-09	0.25	0.54	0.12	0.4	0	0.02	0.03	0.51	0.3
2016-09-10	0.29	0.54	0.14	0.42	0	0.02	0.03	0.51	0.32

孔号\日期	k₁₂/MPa	k₂₂/MPa	k₁₁/MPa	k₂₁/MPa	k₁₃/MPa	k₂₃/MPa	k₁₄/MPa	k₂₄/MPa	k₁₅/MPa
2016-09-11	0.32	0.54	0.14	0.42	0	0.02	0.03	0.52	0.31
2016-09-12	0.35	0.54	0.14	0.43	0	0.02	0.03	0.52	0.32
2016-09-13	0.37	0.54	0.15	0.43	0	0.02	0.03	0.52	0.32
2016-09-14	0.39	0.55	0.15	0.43	0	0.02	0.03	0.52	0.33
2016-09-15	0.41	0.55	0.15	0.46	0	0.02	0.03	0.52	0.33
2016-09-16	0.42	0.55	0.14	0.45	0	0.02	0.03	0.53	0.33
2016-09-17	0.43	0.55	0.15	0.46	0	0.02	0.03	0.53	0.34
2016-09-18	0.44	0.55	0.15	0.47	0	0.02	0.03	0.53	0.34
2016-09-19	0.45	0.55	0.15	0.47	0	0.02	0.03	0.53	0.35
2016-09-20	0.47	0.55	0.15	0.48	0	0.02	0.03	0.53	0.35
2016-09-21	0.5	0.55	0.15	0.48	0	0.02	0.03	0.53	0.38
2016-09-22	0.51	0.55	0.16	0.48	0	0.02	0.03	0.53	0.38
2016-09-23	0.51	0.55	0.16	0.48	0	0.02	0.03	0.53	0.38
2016-09-24	0.51	0.55	0.16	0.48	0	0.02	0.03	0.53	0.38
2016-09-25	0.51	0.55	0.16	0.48	0	0.02	0.03	0.53	0.38
2016-09-26	0.51	0.55	0.16	0.48	0	0.02	0.03	0.53	0.38
2016-09-27	0.51	0.55	0.16	0.48	0	0.02	0.03	0.53	0.38
2016-09-28	0.51	0.55	0.16	0.48	0	0.02	0.03	0.53	0.38
2016-09-29	0.51	0.55	0.16	0.48	0	0.02	0.03	0.53	0.38
2016-09-30	0.51	0.55	0.16	0.48	0	0.02	0.03	0.53	0.38
2016-10-01	0.5	0.53	0.15	0.46	0	0.02	0.03	0.53	0.38
2016-10-02	0.5	0.52	0.15	0.46	0	0.02	0.03	0.53	0.38
2016-10-03	0.5	0.5	0.15	0.45	0	0.02	0.03	0.53	0.38
2016-10-04	0.48	0.48	0.15	0.44	0	0.02	0.03	0.53	0.38
2016-10-05	0.48	0.48	0.15	0.44	0	0.02	0.03	0.53	0.38
2016-10-06	0.46	0.45	0.15	0.43	0	0.02	0.03	0.53	0.38
2016-10-07	0.45	0.45	0.15	0.42	0	0.02	0.03	0.53	0.38
2016-10-08	0.43	0.43	0.13	0.42	0	0.02	0.03	0.53	0.38
2016-10-09	0.41	0.42	0.13	0.4	0	0.01	0.03	0.53	0.38
2016-10-10	0.41	0.4	0.13	0.4	0	0.01	0.02	0.53	0.38
2016-10-11	0.4	0.4	0.13	0.4	0	0.01	0.02	0.53	0.38
2016-10-12	0.38	0.4	0.12	0.39	0	0.01	0.02	0.53	0.38
2016-10-13	0.38	0.39	0.12	0.39	0	0.01	0.02	0.53	0.38
2016-10-14	0.36	0.39	0.12	0.37	0	0.01	0.02	0.53	0.38
2016-10-15	0.35	0.38	0.12	0.37	0	0.01	0.02	0.53	0.37

孔号 日期	k_{12} /MPa	k_{22} /MPa	k_{11} /MPa	k_{21} /MPa	k_{13} /MPa	k_{23} /MPa	k_{14} /MPa	k_{24} /MPa	k_{15} /MPa
2016-10-16	0.35	0.38	0.12	0.36	0	0.01	0.02	0.53	0.37
2016-10-17	0.33	0.38	0.11	0.36	0	0.01	0.02	0.53	0.37
2016-10-18	0.33	0.38	0.11	0.35	0	0.01	0.02	0.53	0.37
2016-10-19	0.32	0.36	0.11	0.35	0	0.01	0.02	0.53	0.37
2016-10-20	0.3	0.36	0.1	0.34	0	0	0.02	0.52	0.36
2016-10-21	0.3	0.36	0.1	0.34	0	0	0.01	0.52	0.36
2016-10-22	0.29	0.35	0.09	0.34	0	0	0.01	0.52	0.36
2016-10-23	0.29	0.35	0.09	0.34	0	0	0.01	0.52	0.36
2016-10-24	0.28	0.35	0.09	0.34	0	0	0.01	0.52	0.36
2016-10-25	0.27	0.35	0.08	0.33	0	0	0.01	0.52	0.36
2016-10-26	0.25	0.33	0.08	0.33	0	0	0.01	0.51	0.36
2016-10-27	0.25	0.33	0.08	0.32	0	0	0.01	0.51	0.36
2016-10-28	0.24	0.32	0.08	0.32	0	0	0.01	0.51	0.36
2016-10-29	0.22	0.32	0.07	0.31	0	0	0.01	0.51	0.36
2016-10-30	0.22	0.3	0.07	0.31	0	0	0.01	0.51	0.36
2016-10-31	0.2	0.3	0.07	0.31	0	0	0	0.5	0.35
2016-11-01	0.2	0.3	0.07	0.31	0	0	0	0.5	0.35
2016-11-02	0.2	0.3	0.07	0.31	0	0	0	0.5	0.35
2016-11-03	0.2	0.3	0.07	0.3	0	0	0	0.5	0.35
2016-11-04	0.2	0.3	0.07	0.3	0	0	0	0.5	0.35
2016-11-05	0.2	0.3	0.07	0.3	0	0	0	0.5	0.35
2016-11-06	0.19	0.28	0.07	0.3	0	0	0	0.49	0.35
2016-11-07	0.19	0.28	0.07	0.3	0	0	0	0.49	0.35
2016-11-08	0.19	0.28	0.07	0.29	0	0	0	0.49	0.35
2016-11-09	0.18	0.28	0.07	0.29	0	0	0	0.49	0.35
2016-11-10	0.18	0.28	0.06	0.28	0	0	0	0.49	0.35
2016-11-11	0.17	0.27	0.06	0.27	0	0	0	0.49	0.35
2016-11-12	0.17	0.27	0.06	0.26	0	0	0	0.49	0.35
2016-11-13	0.17	0.26	0.06	0.26	0	0	0	0.49	0.35
2016-11-14	0.15	0.25	0.06	0.26	0	0	0	0.49	0.35
2016-11-15	0.15	0.25	0.06	0.25	0	0	0	0.49	0.35
2016-11-16	0.15	0.25	0.06	0.25	0	0	0	0.49	0.34
2016-11-17	0.14	0.23	0.06	0.24	0	0	0	0.49	0.34
2016-11-18	0.14	0.23	0.06	0.23	0	0	0	0.49	0.34
2016-11-19	0.14	0.21	0.06	0.21	0	0	0	0.48	0.34

孔号 日期	k_{12} /MPa	k_{22} /MPa	k_{11} /MPa	k_{21} /MPa	k_{13} /MPa	k_{23} /MPa	k_{14} /MPa	k_{24} /MPa	k_{15} /MPa
2016-11-20	0.14	0.2	0.06	0.21	0	0	0	0.48	0.34
2016-11-21	0.13	0.2	0.06	0.19	0	0	0	0.48	0.34
2016-11-22	0.13	0.18	0.06	0.19	0	0	0	0.48	0.34
2016-11-23	0.13	0.18	0.06	0.18	0	0	0	0.48	0.34
2016-11-24	0.12	0.16	0.06	0.18	0	0	0	0.48	0.34
2016-11-25	0.12	0.16	0.06	0.17	0	0	0	0.48	0.34
2016-11-26	0.12	0.16	0.06	0.16	0	0	0	0.48	0.34
2016-11-27	0.11	0.15	0.06	0.16	0	0	0	0.48	0.34
2016-11-28	0.11	0.15	0.06	0.16	0	0	0	0.48	0.34
2016-11-29	0.1	0.15	0.06	0.15	0	0	0	0.48	0.34
2016-11-30	0.1	0.15	0.06	0.15	0	0	0	0.48	0.34

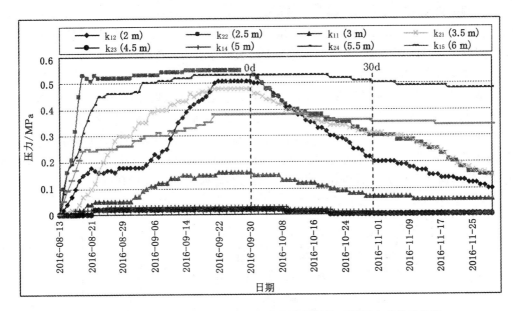

图 3-4-37 顾桥矿 11-2 煤层 1125(1)底板穿层钻孔瓦斯压力变化趋势图

表 3-4-47　　　　顾桥煤矿 11-2 煤层穿层钻孔抽采前后瓦斯压力变化对比表

孔类型	孔号	半径/m	抽采前压力值 /MPa	抽采后压力值/MPa			抽采后压力下降率/%		
				30 d	40 d	50 d	30 d	40 d	50 d
抽采孔	k_{10}	0.0	/	/	/	/	/	/	/
	k_{20}	0.0	/	/	/	/	/	/	/

孔类型	孔号	半径/m	抽采前压力值/MPa	抽采后压力值/MPa			抽采后压力下降率/%		
				30 d	40 d	50 d	30 d	40 d	50 d
测压孔	k_{12}	2.0	0.51	0.22	0.18	0.14	56.9	64.7	72.5
	k_{22}	2.5	0.55	0.30	0.28	0.20	45.5	49.1	63.6
	k_{11}	3.0	0.16	0.07	0.06	0.06	56.3	62.5	62.5
	k_{21}	3.5	0.48	0.31	0.28	0.21	35.4	41.7	56.3
	k_{13}	4.0	/	/	/	0.00	/	/	/
	k_{23}	4.5	0.02	0.00	0.00	0.00	/	/	/
	k_{14}	5.0	0.03	0.01	0.00	0.00	66.7	/	/
	k_{24}	5.5	0.53	0.51	0.49	0.48	3.8	7.5	9.4
	k_{15}	6.0	0.38	0.36	0.35	0.34	5.3	7.9	10.5

由图 3-4-37 和表 3-4-47 的测试结果,可以看出:

(1) 两组试验所测得的原始瓦斯压力均未超过 0.74 MPa,观察 30 d、40 d 和 50 d 的各测试钻孔压力随抽采时间变化情况,可以发现除 k_{13} 孔试验失败外,其他钻孔压力都有不同程度的下降,且距离抽采钻孔越近瓦斯压力下降越明显,瓦斯压力下降具有典型的随抽采钻孔间距大小变化的特征。

(2) 测试孔 k_{12}($L=2.0$ m)、k_{22}($L=2.5$ m)、k_{11}($L=3.0$ m)和 k_{21}($L=3.5$ m),抽采 30 d 后,压力下降率都大于 35%,抽采 50 d 后,压力下降率都大于 56%。因此,从试验数据压力下降率可以判定,顾桥矿中央区 1125(1)运输平巷底板巷穿层孔的有效抽采半径至少为 3.5 m。

3.4.2.7 丁集煤矿 11-2 煤层

丁集煤矿 11-2 煤层穿层钻孔在西一 11-2 轨道大巷原测试地点以东,试验两组钻孔,以考察 3 m 与 5 m 的抽采半径,钻孔具体位置如图 3-4-38 所示。在西一 11-2 轨道与胶带机联巷以北 10 m 处设计测压孔 CA_{11},在 CA_{11} 向北 3 m 处设计抽采孔 CB_{11},在 CB_{11} 向北 5 m 处设计测压孔 CA_{12},在 CA_{12} 向北 10 m 处设计测压孔 CA_{13},CA_{13} 向北 3 m 处设计抽采孔 CB_{12},在 CB_{12} 向北 5 m 处设计测压孔 CA_{14}。钻孔参数如表 3-4-48 所列。

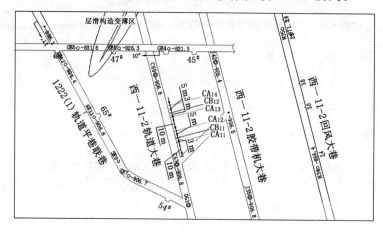

图 3-4-38 丁集煤矿 11-2 煤层穿层钻孔抽采影响范围试验钻孔布置图

表 3-4-48　　　　　丁集煤矿 11-2 煤层抽采影响范围试验穿层钻孔参数

煤层	孔号	开孔距煤层底板/m	偏角/(°)	仰角/(°)	孔深/m	封孔/m	备注
11-2 煤	CA$_{11}$	1.5	270	70	25	23	测压孔
	CA$_{12}$	1.5	270	70	25	23	
	CA$_{13}$	1.5	270	70	25	23	
	CA$_{14}$	1.5	270	70	25	23	
	CB$_{11}$	1.5	270	70	25	23	抽采孔
	CB$_{12}$	1.5	270	70	25	23	

封孔 24 h 后,在测压管上安装压力表,开始测压。2016 年 10 月 29 日 CB$_{11}$ 抽采孔开始抽采,2016 年 11 月 4 日 CB$_{12}$ 抽采孔开始抽采,观测孔抽采前后压力变化如表 3-4-49 所列,观测钻孔抽采前后压力变化趋势如图 3-4-39 所示。根据有效抽采半径测试方法,计算出瓦斯含量,如表 3-4-50 所列。

表 3-4-49　　　　　　丁集煤矿 11-2 煤层穿层钻孔抽采前后压力对比表

孔号	测试地点	测试标高/m	与抽采孔距离/m	抽采前压力/MPa	抽采 30 d 后压力/MPa	压力下降率/%
CA$_{11}$	西一 11-2 轨道大巷	−886	3	0.50	0	100.0
CA$_{12}$		−886	5	0.76	0.51	32.9
CA$_{13}$		−886	3	0.65	0.07	89.2
CA$_{14}$		−886	5	0.35	0.24	31.4

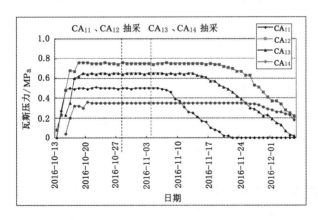

图 3-4-39　丁集煤矿 11-2 煤层穿层钻孔瓦斯压力变化趋势图

表 3-4-50　　　　　　丁集煤矿 11-2 煤层穿层钻孔瓦斯含量计算表

孔号	压力/MPa	计算含量/(m³/t)	25%达标后残余含量/(m³/t)	达标反算压力/MPa	实测抽采后残压/MPa	是否达标
CA$_{11}$	0.50	4.380 3	3.285 3	0.352 1	0	是
CA$_{12}$	0.76	5.811 9	4.358 9	0.513 6	0.51	是
CA$_{13}$	0.65	5.252 3	3.939 2	0.446 8	0.07	是
CA$_{14}$	0.35	3.349 9	2.512 4	0.252 7	0.24	是

由表 3-4-49、表 3-4-50 和图 3-4-39 可知,根据有效抽采半径判断,则丁集煤矿 11-2 煤层穿层钻孔抽采 30 d 有效抽采半径为 5 m。

3.4.2.8 张集煤矿 9 煤层

张集煤矿 9 煤层试验选择 11129 高抽巷联巷进行,钻孔参数如表 3-4-51 所列,钻孔布置如图 3-4-40 所示。

表 3-4-51　张集矿 9 煤层 11129 高抽巷联巷穿层孔抽采半径测试钻孔参数表

孔号	施工时间及班次	设计孔深/m	孔深/m	开孔方位/(°)	开孔倾角/(°)	见煤点、止煤点/m	封孔信息(4 分测压管)
K_{11}	2016-10-12 早	35.00	40.00	64	−52.0	31.3、35.7	长 36 m,水泥 350 kg
K_{12}	2016-10-11 中	35.00	41.20	64	−52.0	28.7、29.9；31.8、36.2	长 36 m,水泥 500 kg
K_{13}	2016-10-10 夜	35.00	41.20	64	−52.0	29、30.5；32.2、36.6	长 38 m,水泥 400 kg
K_{14}	2016-10-09 中	35.00	37.40	64	−52.0	29.4、35.2	长 34 m,水泥 400 kg
K_{10}	2016-10-21 早	35.00	40.20	64	−52.0	29.5、30；31.2、35.2	囊袋 1 套,水泥 300 kg
K_{21}	2016-10-16 夜	35.00	40.20	116	−52.0	29、30.3；31.2、35.3	长 34 m,水泥 250 kg
K_{22}	2016-10-18 中	35.00	40.20	116	−52.0	32、35.9	长 38 m,水泥 250 kg
K_{23}	2016-10-19 中	35.00	39.00	116	−52.0	30.6、34.8	长 36 m,水泥 300 kg
K_{24}	2016-10-20 夜	35.00	40.50	116	−52.0	32.7、36.5	长 36 m,水泥 200 kg
K_{20}	2016-10-20 早	35.00	41.00	116	−52.0	29、30.3；31.7、36	囊袋 1 套,水泥 300 kg

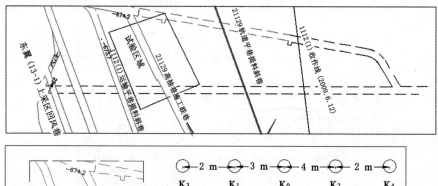

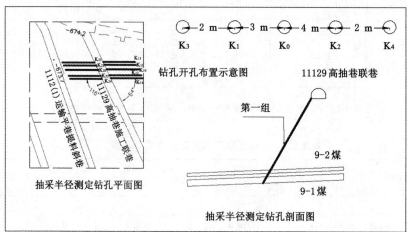

图 3-4-40　张集矿 9 煤层 11129 高抽巷联巷穿层孔抽采半径测试钻孔布置图

11129 高抽巷联巷抽采半径测试各钻孔的瓦斯压力随时间变化趋势如图 3-4-41 和图 3-4-42所示,穿层钻孔抽采半径测算结果如表 3-4-52 所列。根据有效抽采半径测试方法,计算瓦斯含量如表 3-4-53 所列。

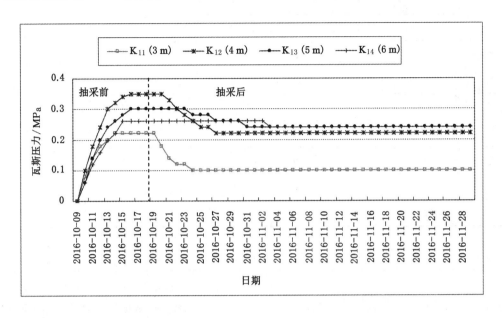

图 3-4-41　张集矿 9 煤层穿层钻孔瓦斯压力随时间变化趋势图(第一组)

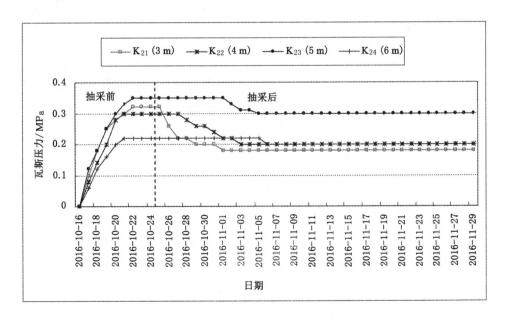

图 3-4-42　张集矿 9 煤层穿层钻孔瓦斯压力随时间变化趋势图(第二组)

表 3-4-52　　　　　　　　张集矿 9 煤层穿层钻孔瓦斯抽采影响范围测算结果

孔号	距抽采孔 /m	抽采前/MPa		抽采 30 d 后/MPa		下降率 /%	抽采天数/d
		示值	压力	示值	压力		
K_{11}	3	0.22	0.32	0.10	0.20	37.50	
K_{12}	4	0.35	0.45	0.22	0.32	28.89	
K_{13}	5	0.30	0.40	0.24	0.34	15.00	
K_{14}	6	0.26	0.36	0.24	0.34	5.56	
K_{21}	3	0.32	0.42	0.18	0.28	33.33	30
K_{22}	4	0.30	0.40	0.20	0.30	25.00	
K_{23}	5	0.35	0.45	0.30	0.40	11.11	
K_{24}	6	0.22	0.32	0.20	0.30	6.25	

表 3-4-53　　　　　　　　张集矿 9 煤层穿层钻孔瓦斯含量计算汇总表

地点	a	b	孔隙率/%	水分/%	灰分/%	挥发分/%	压力/MPa	计算含量/(m³/t)	15%达标后残余含量/(m³/t)	达标反算压力/MPa	实测抽采后残压/MPa	是否达标	距抽采孔距离/m
K_{11}	20.465	0.841 7	3.36	1.85	24.51	27.64	0.32	2.211 3	1.879 6	0.28	0.2	是	3
K_{12}	20.465	0.841 7	3.36	1.85	24.51	27.64	0.45	2.880 1	2.448 1	0.39	0.32	是	4
K_{13}	20.465	0.841 7	3.36	1.85	24.51	27.64	0.40	2.634 6	2.239 4	0.35	0.34	是	5
K_{14}	20.465	0.841 7	3.36	1.85	24.51	27.64	0.36	2.427 9	2.063 7	0.32	0.34	否	6
K_{21}	20.465	0.841 7	3.36	1.85	24.51	27.64	0.42	2.734 4	2.324 3	0.37	0.28	是	3
K_{22}	20.465	0.841 7	3.36	1.85	24.51	27.64	0.40	2.634 6	2.239 4	0.35	0.30	是	4
K_{23}	20.465	0.841 7	3.36	1.85	24.51	27.64	0.45	2.880 1	2.448 1	0.39	0.40	否	5
K_{24}	20.465	0.841 7	3.36	1.85	24.51	27.64	0.32	2.211 3	1.879 6	0.28	0.30	否	6

由表 3-4-52、表 3-4-53 和图 3-4-41、图 3-4-42 可知,根据有效抽采半径判断,则张集矿 9 煤层穿层钻孔抽采 30 d 有效抽采半径为 4 m。

3.4.2.9　测试结果汇总

穿层钻孔有效抽采半径依据瓦斯压力下降法进行。穿层钻孔测试有效孔共计 54 个,根据实测瓦斯压力采用朗缪尔方程计算煤层瓦斯含量,再根据集团公司规定的瓦斯预抽率反算达标瓦斯含量,然后根据朗缪尔方程的反函数计算达标后的残余瓦斯压力,计算结果如表 3-4-54 所列。

表 3-4-54　　　　　　　　穿层钻孔有效抽采半径测算结果汇总

序号	试验地点	孔号	压力/MPa	计算含量/(m³/t)	25%残余含量/(m³/t)	达标反算压力/MPa	实测抽采后残压/MPa	是否达标	距抽采孔/m	抽采半径/m
1	朱集东矿11煤	K11	0.80	5.12	3.84	0.53	0.20	是	2	5
2		K12	0.88	5.41	4.06	0.58	0.35	是	3	
3		K13	0.76	4.97	3.73	0.51	0.45	是	4	
4		K14	0.82	5.19	3.90	0.55	0.71	否	5	
5		K15	0.40	3.24	2.43	0.29	0.33	否	6	
6		K16	0.84	5.27	3.95	0.56	0.75	否	7	
7	顾桥矿11煤	K11	0.16	2.06	1.54	0.12	0.07	是	3	3.5
8		K12	0.51	5.43	4.07	0.36	0.22	是	2	
9		K15	0.38	4.32	3.24	0.27	0.36	否	6	
10		K21	0.48	5.19	3.89	0.34	0.31	是	3.5	
11		K22	0.55	5.75	4.31	0.39	0.30	是	2.5	
12		K24	0.53	5.59	4.19	0.38	0.51	否	5.5	
13	顾北矿6煤	K11	1.25	6.12	4.59	0.78	0.20	是	1	3.5
14		K13	1.80	7.19	5.39	1.04	0.20	是	1.5	
15		K21	2.10	5.74	4.31	0.70	0.50	是	3	
16		K23	1.10	7.65	5.74	1.18	0.65	是	3.5	
17		K31	2.70	8.40	6.30	1.43	0.40	是	2	
18		K33	2.50	8.17	6.13	1.35	0.40	是	2.5	
19	丁集矿11煤	CA11	0.50	4.38	3.29	0.35	0	是	3	5
20		CA12	0.76	5.81	4.36	0.51	0.51	是	5	
21		CA13	0.65	5.25	3.94	0.45	0.07	是	3	
22		CA14	0.35	3.35	2.51	0.25	0.24	是	5	
23	潘三矿11煤	K11	1.6	6.94	4.86	0.78	0.6	是	5.2	5.2
24		K12	1.5	6.75	4.73	0.75	0.5	是	3.5	
25		K22	1.3	6.33	4.43	0.67	0.5	是	3	
26		K24	1.4	6.55	4.59	0.71	1.0	否	6	

序号	试验地点	孔号	压力/MPa	计算含量/(m³/t)	25%残余含量/(m³/t)	达标反算压力/MPa	实测抽采后残压/MPa	是否达标	距抽采孔/m	抽采半径/m
27		K_{51}	1.02	5.05	3.79	0.70	0.50	是	4	
28		K_{52}	0.96	4.86	3.64	0.66	0.52	是	5	
29		K_{53}	1.14	5.41	4.05	0.77	0.76	否	5.5	
30		K_{54}	0.84	4.45	3.34	0.59	0.68	否	6	
31		K_{61}	0.90	4.66	3.49	0.63	0.52	是	4	
32		K_{62}	0.82	4.38	3.29	0.58	0.48	是	5	
33		K_{63}	0.96	4.86	3.64	0.66	0.68	否	5.5	
34	谢桥矿 6煤	K_{64}	0.92	4.73	3.55	0.64	0.78	否	6	5
35		K_{71}	0.92	4.73	3.55	0.64	0.48	是	4	
36		K_{72}	0.88	4.59	3.44	0.61	0.54	是	5	
37		K_{73}	0.86	4.52	3.39	0.60	0.62	否	5.5	
38		K_{74}	0.96	4.86	3.64	0.66	0.78	否	6	
39		K_{81}	0.82	4.38	3.29	0.58	0.44	是	4	
40		K_{82}	0.80	4.31	3.23	0.56	0.52	是	5	
41		K_{83}	0.78	4.23	3.18	0.55	0.60	否	5.5	
42		K_{84}	0.84	4.45	3.34	0.59	0.66	否	6	
43		K_{11}	0.32	2.21	1.66	0.24	0.20	是	3	
44		K_{12}	0.45	2.88	2.16	0.33	0.32	是	4	
45		K_{13}	0.40	2.63	1.98	0.30	0.34	否	5	
46	张集矿 9煤	K_{14}	0.36	2.43	1.82	0.27	0.34	否	6	4
47		K_{21}	0.42	2.73	2.05	0.31	0.28	是	3	
48		K_{22}	0.40	2.63	1.98	0.30	0.30	是	4	
49		K_{23}	0.45	2.88	2.16	0.33	0.40	否	5	
50		K_{24}	0.32	2.21	1.66	0.24	0.30	否	6	
51		K_{41}	0.85	4.30	3.22	0.56	0.66	否	5	
52	张集矿 11煤	K_{43}	0.78	4.07	3.05	0.52	0.42	是	4	4
53		K_{51}	0.82	4.20	3.15	0.54	0.60	否	5	
54		K_{53}	0.80	4.137	3.10	0.527	0.46	是	4	

从测试结果看,不同矿井的煤层穿层钻孔抽采瓦斯 30 d 后,有效半径存在一定的差异,测算煤层的有效半径范围为 3.5～5.2 m。即使同一层煤,在淮南矿区不同的井田范围内也存在差异。这一差异产生的原因有多种,煤层透气性不同是主要原因,相同的抽采时间下,因透气性的差异,煤体瓦斯解吸速度不同,能够释放瓦斯的范围也就相应变化。钻孔封孔质量的差异是相同抽采时间下钻孔抽采瓦斯半径不同的另一个原因。封孔质量差,相同抽采负压下,作用于煤体孔隙的负压也就存在差异,使得煤体瓦斯解吸的动力不同,由此产生抽采半径的差异。另外,朱集东矿 11 煤顶底板含水大,钻孔抽采瓦斯的同时大量水分在负压作用下进入抽采钻孔,使得孔口负压有效作用于煤体瓦斯的作用力快速衰减,导致促使煤体瓦斯解吸的作用削弱,也会降低钻孔有效抽采半径值。

3.5　小　　结

(1) 研究分析钻孔周围煤体瓦斯分布特征及钻孔抽采瓦斯有效抽采半径研究现状。

(2) 钻孔有效抽采半径以消除煤层的突出危险性和采掘过程中降低巷道风流瓦斯浓度为出发点,当距离抽采孔某距离的煤层瓦斯含量、瓦斯压力和预抽率具有如下特征时,该距离定义为钻孔有效抽采半径,即:

① 煤层残余瓦斯压力小于 0.74 MPa,或者残余瓦斯含量小于 8 m³/t。

② 煤层瓦斯预抽率:煤层原始瓦斯含量 4 m³/t 以下的预抽率不小于 15%；4～6 m³/t 的预抽率不小于 25%、6 m³/t 以上的预抽率不小于 35%。

(3) 依据煤层瓦斯压力下降法判定钻孔有效抽采半径时,采用朗缪尔吸附方程,计算煤层瓦斯含量,以抽采前后煤层瓦斯预抽率为判断标准。

(4) 研究得到淮南关键保护层顺层钻孔有效抽采半径:6 煤 4～4.5 m；9 煤 5 m；11 煤 3～5 m。穿层钻孔有效抽采半径:6 煤 3.5～5 m；9 煤 4 m；11 煤 3.5～5.2 m。

(5) 研究发现钻孔有效抽采半径存在差异,产生差异的原因主要是煤层透气性、钻孔封孔质量、煤层顶底板含水。对于穿层钻孔和顺层钻孔产生差异的原因:一是钻孔周围煤体受力场,二是钻孔周围煤体瓦斯流场差异。

4 预抽钻孔抽采负压研究

受煤田区域构造控制和煤层赋存条件（地质构造、围岩性质和埋藏深度等）的影响，我国许多矿井的煤层透气性系数较低，一般为 $10^{-3} \sim 10$ m²/（MPa²·d），而且煤层的突出危险性较大。在目前的瓦斯治理技术中，瓦斯抽采是一项根本措施，对于不同透气性系数的煤层选择合适的抽采工艺和抽采参数，可大大提高低透气性煤层瓦斯抽采率。有研究认为，抽采负压是影响抽采效果的重要因素之一，抽采负压过低，不能有效抽采煤层瓦斯，起不到应有的抽采效果；抽采负压过高，对矿井抽采系统的要求较高，且提高瓦斯抽采成本。因此，选择合适的抽采负压，对提高煤矿瓦斯抽采效果具有重要意义。

尽管《煤矿瓦斯抽采达标暂行规定》第三章第十五条规定预抽瓦斯钻孔的孔口负压不得低于 13 kPa，卸压瓦斯抽采钻孔的孔口负压不得低于 5 kPa，但不同区域、不同矿井、不同煤层的预抽钻孔孔口负压是否相同，各煤层的最佳抽采负压是多少，是需要根据具体煤层的情况研究确定的。

本次研究主要针对淮南矿区关键保护层，通过煤微观结构对抽采负压的影响、矿井历史抽采数据以及抽采负压试验等几个方面来考察试验煤层的最佳孔口抽采负压值。

4.1 预抽钻孔抽采负压统计分析研究

为了分析抽采负压对钻孔抽采瓦斯效果的影响，在部分试验地点的关键保护层进行历史瓦斯抽采情况的统计分析，主要考察部分钻孔在同一地点，相同的封孔方式和封孔参数下，瓦斯抽采过程中抽采负压的变化对抽采效果的影响。

4.1.1 穿层预抽钻孔抽采负压统计分析

穿层预抽钻孔抽采负压统计分别在谢桥煤矿 6 煤层 21116E 底抽巷、顾北煤矿 6 煤层 13126 轨道平巷底抽巷、顾桥煤矿 11-2 煤层 1124(1)轨道平巷和 1124(1)运输平巷底抽巷以及丁集煤矿 11-2 煤层进行。

4.1.1.1 谢桥煤矿 6 煤层 21116E 底抽巷

谢桥矿 6 煤层 21116E 底抽巷穿层预抽钻孔从 2015 年 1 月至 12 月，根据抽采瓦斯浓度范围划分抽采情况如表 4-1-1 所列，钻孔抽采瓦斯纯量和日抽采量如图 4-1-1 和图 4-1-2 所示。

表 4-1-1 谢桥矿 6 煤层穿层预抽钻孔抽采负压与抽采效果表

浓度范围 /%	平均浓度 /%	钻孔数量	负压 /kPa	平均负压 /kPa	纯量范围 /（m³/min）	平均纯量 /（m³/min）	日抽采量 /（m³/d）	平均日抽采量 /（m³/d）
61.94～75.08	67.23	29	14～19	17	0.23～0.97	0.51	375～2 006	1 113
40～60.72	50.48	211	6～36	18	0.06～2.14	0.49	61～5 387	1 302

浓度范围 /%	平均浓度 /%	钻孔 数量	负压 /kPa	平均负压 /kPa	纯量范围 /(m³/min)	平均纯量 /(m³/min)	日抽采量 /(m³/d)	平均日抽采量 /(m³/d)
30～39.97	34	190	6～32	19	0.12～2.18	0.30	33～5 746	875
20～29.91	23.92	170	7～37	22	0.09～0.75	0.26	137～5 630	665
10～19.88	14.645	127	7～38	21.56	0.06～0.69	0.18	80～3 801	424
0.6～9.8	4.93	121	4～36	18.69	0.03～0.48	0.16	43～3 427	257

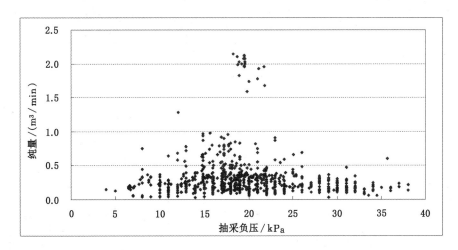

图 4-1-1　谢桥矿 6 煤层穿层预抽钻孔抽采负压与抽采纯量关系

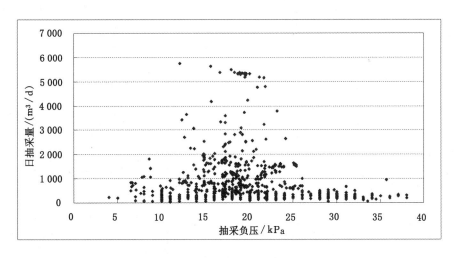

图 4-1-2　谢桥矿 6 煤层穿层预抽钻孔抽采负压与日抽采量关系

　　从表 4-1-1 和图 4-1-1、图 4-1-2 可以看出:当抽采瓦斯浓度在 61.94％ 以上时,抽采负压一般在 14～19 kPa 之间,平均 17 kPa;此时抽采纯量为 0.23～0.97 m³/min,平均 0.51 m³/min;日抽采量为 375～2 006 m³/d,平均日抽采量 1 113 m³/d。因此,研究认为谢桥煤矿 6 煤层穿层预抽钻孔最佳抽采负压是 14～19 kPa。

4.1.1.2 顾北煤矿 6 煤层 13126 轨道平巷底抽巷

顾北煤矿 6 煤层 13126 轨道平巷底抽巷的第二、第三、第四单元为研究对象,该三个单元的相关参数如表 4-1-2 所列。各单元所有钻孔施工完成后 21 d 内的瓦斯抽采情况如图 4-1-3 和表 4-1-3 所示。

表 4-1-2　顾北煤矿 6 煤层 13126 轨道平巷底抽巷第二、第三和第四单元相关参数表

标高/m	瓦斯压力/MPa	瓦斯含量/(m³/t)	煤厚/m	所属抽采单元	钻孔数量
−645	/	5.3	2.8	第二单元	106
−645	/	5.1	3.1	第二单元	107
−645	/	5.67	3.1	第三单元	456
−645	1.65	5.4	2.8	第四单元	372

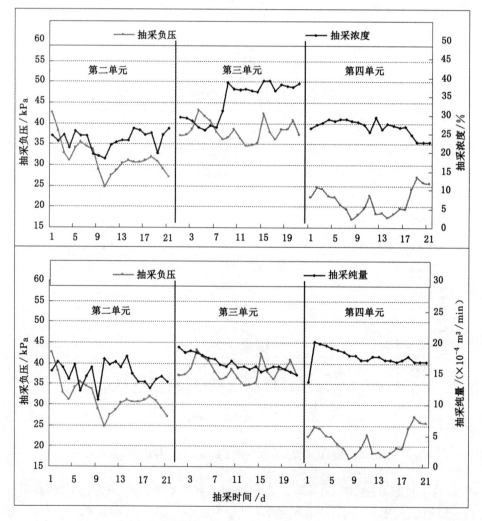

图 4-1-3　顾北煤矿 6 煤层 13126 轨道平巷底抽巷各单元
穿层预抽钻孔抽采时间与钻孔抽采相关参数图

表 4-1-3　　顾北煤矿 6 煤层 13126 轨道平巷各评价单元抽采钻孔抽采参数比较表

评价单元	钻孔数量/个	抽采负压/kPa	单孔平均		
			抽采浓度/%	混量/(m³/min)	纯量/(m³/min)
二	213	31	23.3	0.005 4	0.001 5
三	456	38	34.0	0.004 7	0.001 5
四	372	21	26.8	0.006 7	0.001 8

从图 4-1-3 和表 4-1-3 可以看出,钻孔抽采过程中,负压存在波动,但是总体上第三单元负压高于第二单元,第四单元负压最低。第三单元抽采浓度最高,但抽采混量相对较低,总体抽采纯量不高;抽采负压最低的第四单元,抽采浓度 26.8%,但抽采纯量最高,平均单孔 0.001 8 m³/min。因此,研究认为顾北煤矿 6 煤层穿层预抽钻孔抽采负压为 21 kPa 时,单孔平均抽采纯量最大、浓度适中,是最佳抽采负压。

4.1.1.3　顾桥煤矿 11-2 煤层 1124(1)轨道平巷和 1124(1)运输平巷底抽巷

顾桥煤矿 11-2 煤层穿层预抽钻孔在 1124(1)轨道平巷的三个抽采单元和 1124(1)运输平巷的一个抽采单元进行研究,轨道平巷第一单元监测 1#～150# 钻孔、第二单元监测 151#～325# 钻孔、第三单元监测 326#～378# 钻孔的抽采参数如图 4-1-4 所示,运输平巷第八抽采单元钻孔抽采参数如图 4-1-5 所示。

从图 4-1-4 和图 4-1-5 可以看出,每个单元的抽采负压与抽采纯量之间的关系是相反的,抽采负压越高,抽采纯量越低,抽采负压在 15～18 kPa 之间抽采纯量相对比较高,因此,研究认为顾桥煤矿 11-2 煤层穿层预抽钻孔抽采负压为 15～18 kPa 较为合适。

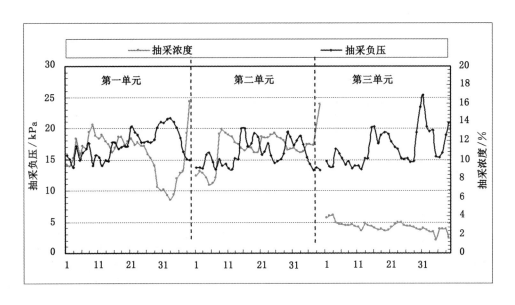

图 4-1-4　顾桥煤矿 11-2 煤层 1124(1)轨道平巷底抽巷穿层预抽钻孔抽采瓦斯参数图

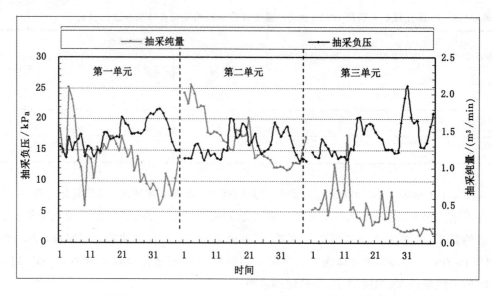

续图 4-1-4　顾桥煤矿 11-2 煤层 1124(1)轨道平巷底抽巷穿层预抽钻孔抽采瓦斯参数图

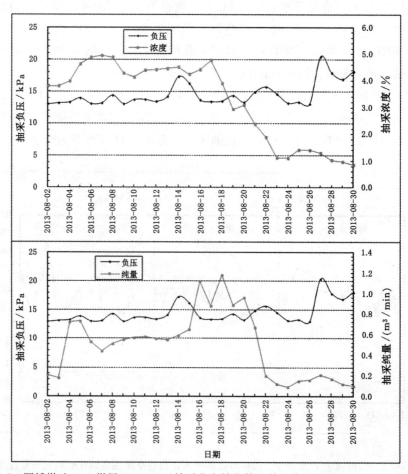

图 4-1-5　顾桥煤矿 11-2 煤层 1124(1)运输平巷底抽巷第八单元穿层预抽钻孔抽采瓦斯参数图

4.1.1.4　丁集煤矿 11-2 煤层

2015 年 1～12 月丁集煤矿 11-2 煤层底板穿层预抽钻孔抽采负压与瓦斯浓度、抽采瓦斯纯量之间的关系分别如图 4-1-6 和图 4-1-7 所示。为研究抽采效果与抽采负压之间的关系,将抽采负压分段进行统计分析,如表 4-1-4 所列。

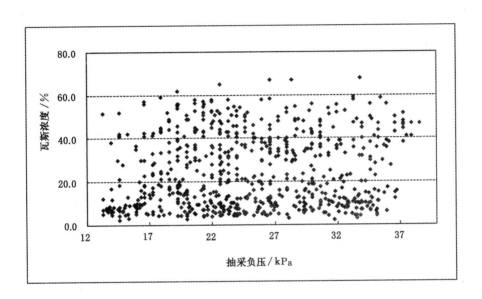

图 4-1-6　丁集煤矿 11-2 煤层穿层预抽钻孔抽采负压与瓦斯浓度关系图

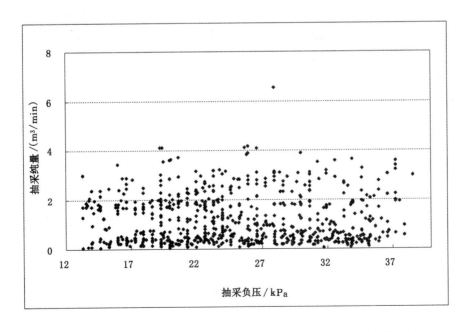

图 4-1-7　丁集煤矿 11-2 煤层穿层预抽钻孔抽采负压与抽采纯量关系图

表 4-1-4   丁集煤矿 11-2 煤层穿层预抽钻孔抽采负压与抽采效果统计分析表

负压范围 /kPa	平均负压 /kPa	平均浓度 /%	平均混量 /(m³/min)	平均纯量 /(m³/min)	计数点	百分比/%
13～16	14.94	14.50	11.81	1.25	63	9
17～20	18.68	24.27	4.82	1.11	131	18
21～24	22.51	26.62	5.47	1.24	170	23
25～28	25.93	25.79	5.68	1.38	123	17
29～32	30.13	24.17	4.11	1.06	143	20
32～38	34.84	26.27	4.30	1.14	102	14

从图 4-1-6、图 4-1-7 可以看出,抽采瓦斯浓度和抽采纯量相对主要集中在抽采负压 12～40 kPa 之间,其变化范围较广。但从表 4-1-4 来看,当钻孔抽采负压在 21～28 kPa 范围内时,不仅钻孔平均浓度较高,且钻孔抽采平均纯量也较高,是抽采瓦斯的理想负压范围。因此,研究认为丁集煤矿 11-2 煤层穿层预抽钻孔抽采负压在 21～28 kPa 较为合适。

4.1.2　顺层预抽钻孔抽采负压统计分析

顺层预抽钻孔抽采负压统计分别在潘三煤矿 11-2 煤层 17161(1)工作面及 17181(1)工作面顺层孔和张集煤矿 11-2 煤 1123(1)工作面运输平巷第一、二、三单元进行。

4.1.2.1　潘三煤矿 11-2 煤层 17161(1)工作面及 17181(1)工作面

潘三煤矿 11-2 煤层 17161(1)轨道巷顺层预抽钻孔 139 个,钻孔量 13 829 m;17161(1)运输巷顺层预抽钻孔 157 个,钻孔量 13 500 m;17181(1)轨道巷顺层预抽钻孔 120 个,钻孔量 11 851 m;17181(1)运输巷顺层预抽钻孔 149 个,钻孔量 14 241 m。研究单元内所有钻孔施工完毕后进行抽采,顺层钻孔抽采负压和抽采纯量关系如图 4-1-8 所示,各负压段的平均抽采纯量如表 4-1-5 所列。

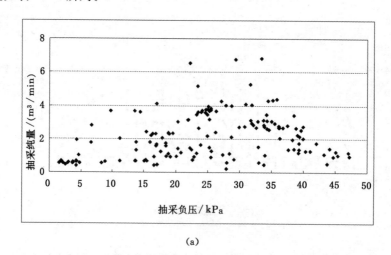

(a)

图 4-1-8   潘三煤矿 11-2 煤层顺层预抽钻孔抽采负压与抽采纯量关系图

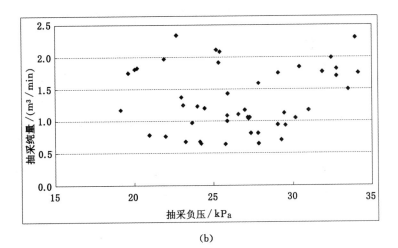

(b)

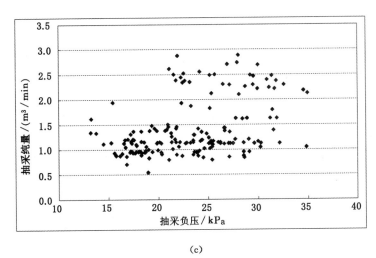

(c)

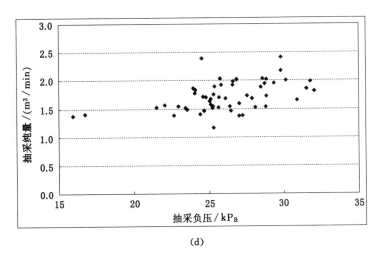

(d)

续图 4-1-8　潘三煤矿 11-2 煤层顺层预抽钻孔抽采负压与抽采纯量关系图

(a) 17161(1)轨道巷;(b) 17161(1)运输巷;(c) 17181(1)轨道巷;(d) 17181(1)运输巷

表 4-1-5 　　　　　　潘三煤矿 11-2 煤层顺层预抽钻孔各负压段抽采平均纯量

抽采负压 /kPa	17161(1)轨道巷		17161(1)运输巷		17181(1)轨道巷		17181(1)运输巷	
	平均纯量 /(m³/min)	天数/d	平均纯量 /(m³/min)	天数/d	平均纯量 /(m³/min)	天数/d	平均纯量 /(m³/min)	天数/d
≥40	1.16	11	/	/	/	/	/	/
35～40	2.53	22	/	/	/	/	/	/
30～35	3.0	22	1.69	10	1.87	22	1.86	5
25～30	2.71	22	1.19	21	1.47	47	1.77	35
20～25	2.69	23	1.25	14	1.43	55	1.65	14
15～20	1.65	25	1.46	2	1.05	45	1.4	2
10～15	1.81	8			1.35	4		
<10	0.96	22						

注:"/"表示现场无满足该条件的数据。

从图 4-1-8 和表 4-1-5 可知,不同抽采负压对瓦斯抽采纯量会有一定的影响,但影响程度不同。潘三煤矿 11-2 煤层 17161(1)工作面与 17181(1)工作面顺层预抽钻孔抽采负压在 30～35 kPa 效果较佳,因此,研究认为潘三煤矿 11-2 煤层顺层预抽钻孔抽采负压在 30～35 kPa 较为合适。

4.1.2.2 张集煤矿 11-2 煤层 1123(1)工作面

张集煤矿 11-2 煤层 1123(1)工作面运输巷第一、二、三单元顺层预抽钻孔抽采负压与抽采纯量关系如图 4-1-9 所示。顺层预抽钻孔抽采数据划分 7 个负压段,各负压段的平均抽采纯量如表 4-1-6 所列。

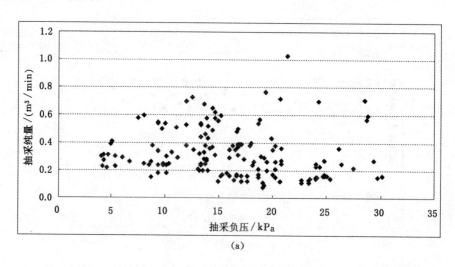

(a)

图 4-1-9　张集煤矿 11-2 煤层 1123(1)工作面运输巷顺层预抽钻孔抽采负压与抽采纯量关系图

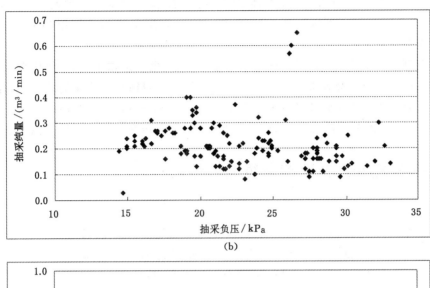

(b)

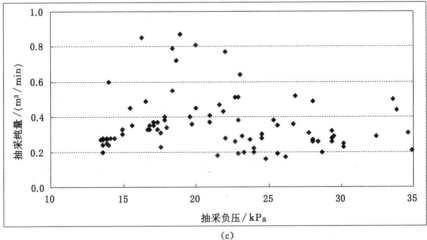

(c)

续图 4-1-9　张集煤矿 11-2 煤层 1123(1)工作面运输巷顺层预抽钻孔抽采负压与抽采纯量关系图
(a) 第一单元；(b) 第二单元；(c) 第三单元

表 4-1-6　张集煤矿 11-2 煤层 1123(1)工作面运输巷顺层预抽钻孔抽采负压与平均纯量表

负压	第一单元		第二单元		第三单元	
	平均纯量 /(m³/min)	天数/d	平均纯量 /(m³/min)	天数/d	平均纯量 /(m³/min)	天数/d
30~35	/		0.18	9	0.32	7
25~30	0.32	12	0.21	36	0.31	16
20~25	0.26	28	0.20	47	0.35	21
15~20	0.29	45	0.25	37	0.47	24
10~15	0.39	44	0.17	5	0.29	15
5~10	0.35	22	/		/	
<5	0.29	7	/		/	

注："/"表示现场无满足该条件的数据。

从表 4-1-6 可知,不同抽采负压对抽采纯量有影响,随着抽采负压增大抽采纯量先增大后减小,抽采负压在 10～20 kPa 时效果较佳。因此,张集煤矿 11-2 煤层抽采负压在 10～20 kPa 较为合适。

研究发现顺层预抽钻孔抽采负压并不是越大越好,也不是越小越好,负压越大,对抽采管路和钻孔的封孔效果会有影响;负压过小,则不足以克服钻孔及管路的阻力,同样也影响瓦斯抽采效果。不同的煤矿抽采负压也存在差异,潘三煤矿 11-2 煤层顺层预抽钻孔抽采负压在 30～35 kPa 效果较佳,而张集煤矿 11-2 煤层抽采负压在 10～20 kPa 效果较好。

4.2　煤微观结构对瓦斯抽采负压的影响

4.2.1　煤样制备

煤样来源于朱集东矿 11-2 煤层 1222(1)轨道巷顶板巷下向钻孔、1151(1)运输巷高抽巷下向钻孔和 1232(1)工作面;顾北矿 6 煤层南翼 8-6-2 回风巷;顾桥矿 11-2 煤层 1125(1)运输巷。采集现场新鲜煤样,运回实验室,破碎至不同粒径,取 125～160 μm、180～300 μm 和 300～560 μm 三种粒径范围的煤样,进行不同温度和压力条件下的解吸实验和比表面积及孔径测试。

4.2.2　比表面积及孔径

比表面积及孔径采用北京精微高博科学技术有限公司生产的 JW-BK222 型比表面及孔径分析仪进行测试,测试结果如表 4-2-1、表 4-2-2 及图 4-2-1 所示。

表 4-2-1　　　　　　　　　　　不同煤层的煤样孔径测试结果

序号	矿井	采样地点	BET 比表面积 /(cm²/g)	总孔体积 /(cm³/g)	吸附最可几孔径/nm	微孔总孔体积 /(cm³/g)	微孔最可几孔径/nm
1	朱集东	1232(1)工作面	2.512	0.003 72	2.348	0.000 96	1.074 7
2		1151(1)运输巷	0.852	0.003 42	3.48	0.000 38	1.351 6
3		1222(1)顶板巷	1.085	0.002 98	3.501	0.000 32	1.400 9
4	顾北	南翼 8-6-2 采区回风巷	0.771	0.002 01	2.605	0.000 31	1.080 48
5	顾桥	1125(1)运输巷	0.496	0.001 14	3.27	0.000 2	1.160 77

表 4-2-2　　　　　　　　　　按霍多特标准划分的孔径分布结果

序号	矿井	采样地点	总孔体积 /(cm³/g)	微孔(<10 nm)		小孔(10～100 nm)		中孔(100～1 000 nm)	
				孔体积 /(cm³/g)	比例/%	孔体积 /(cm³/g)	比例/%	孔体积 /(cm³/g)	比例/%
1	朱集东	1232(1)工作面	0.003 82	0.002 5	65.45	0.001 19	31.15	0.000 13	3.40
2		1151(1)运输平巷	0.004 07	0.002 49	61.18	0.001 51	37.10	0.000 07	1.72
3		1222(1)顶板巷	0.003 47	0.002 049	59.05	0.001 241	35.76	0.000 18	5.19
4	顾北	南翼 8-6-2 采区回风巷	0.002 16	0.001 02	47.22	0.001 06	49.07	0.000 08	3.70
5	顾桥	1125(1)运输平巷	0.001 24	0.000 703	56.65	0.000 468	37.70	0.000 07	5.65

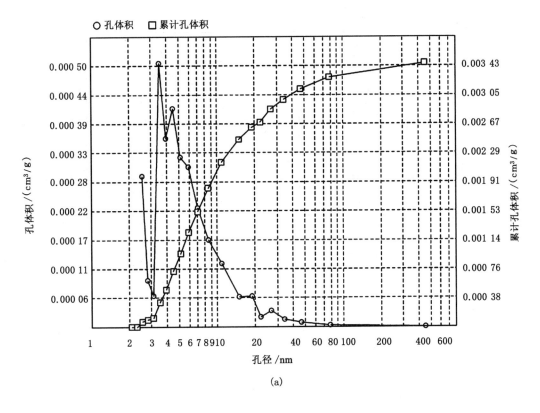

(a)

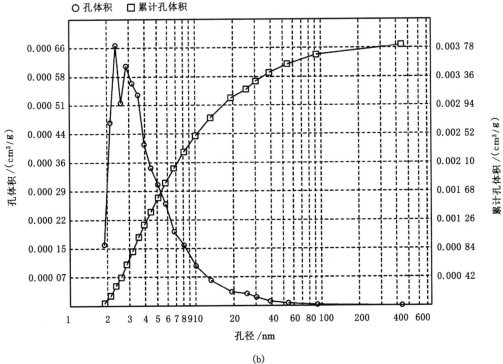

(b)

图 4-2-1　不同煤层的煤样孔径—孔容分布图

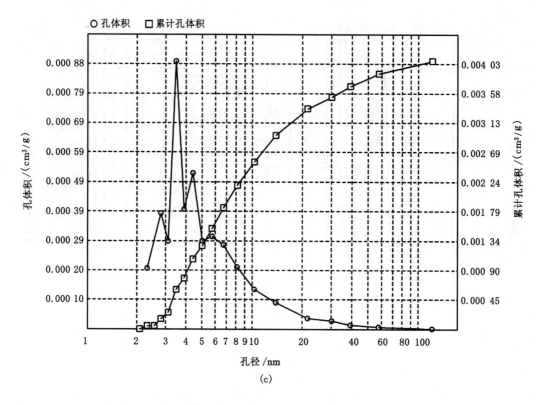

(c)

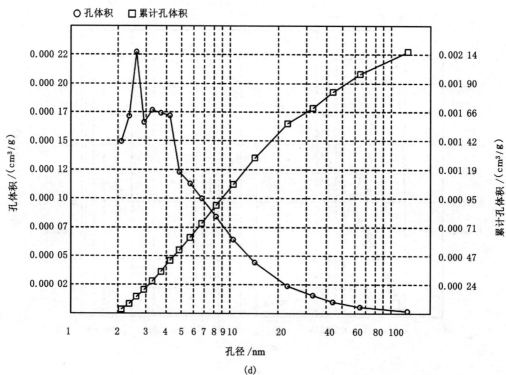

(d)

续图 4-2-1　不同煤层的煤样孔径—孔容分布图

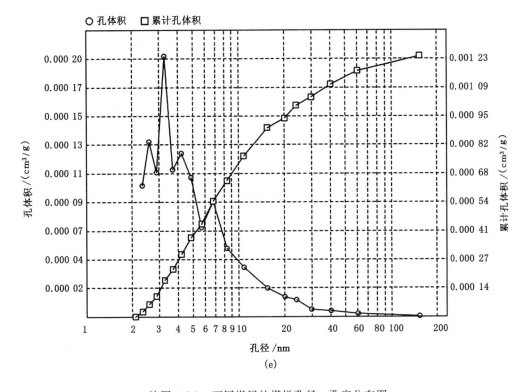

(e)

续图 4-2-1　不同煤层的煤样孔径—孔容分布图

(a) 朱集东矿 1222(1)顶板巷煤样;(b) 朱集东矿 1232(1)工作面煤样;

(c) 朱集东矿 1151(1)运输巷煤样;(d) 顾北矿南翼 8-6-2 采区回风巷煤样;(e) 顾桥矿 1125(1)运输巷煤样

表 4-2-1 看出,测试煤样的吸附最可几孔径最小为 2.348 nm,微孔的最可几孔径也在 1 nm 以上,而甲烷分子的直径为 0.414 nm。表 4-2-2 表明,煤样中小于 10 nm 的微孔除顾北占 47% 较小外,其余所占比例超过 56%,这为瓦斯气体以吸附态存在创造了良好的环境,瓦斯抽采就是利用压力差,将这些大量微孔中的吸附态瓦斯解放出来。

　　煤样的孔径和总孔体积测试结果表明,不同煤样主要是微孔和小孔,微孔和小孔利于瓦斯吸附但是不利于瓦斯解吸,当煤样中微孔越多时,吸附瓦斯的能力越高,解吸这部分瓦斯所需要的能量也就越大,采用负压抽采时,所需压差也越大才能解吸更小孔内的瓦斯。另外,不同煤样的孔径和孔体积存在很大差异,即便均是 11-2 煤层,其孔隙特征也有很大差异,在抽采瓦斯时,相同的抽采负压、封孔条件其抽采瓦斯总体效果也将存在差异。因此,不同的煤层,抽采负压不同,这与现场实际统计分析结果相一致。

4.2.3　吸附脱附等温线

　　不同煤样的吸附脱附等温线如图 4-2-2 所示。

　　从图 4-2-2 可以看出,朱集东矿 1222(1)轨道巷煤样没有明显的吸附回线,说明该煤样中孔形状和大小是一端封闭,一端开放,且大小在一个较大范围内变化的孔。朱集东矿 1232(1)工作面煤样、朱集东矿 1151(1)运输巷煤样和顾桥矿 1125(1)运输巷煤样的脱附曲线在相对压力 0.44~0.47 范围存在一个明显变陡特征,表明吸附的氮气在该压力范围发生解凝,属德·波尔的 B 类回线,煤样中主要为平行壁的狭缝状毛细孔。朱集东矿 1151(1)运

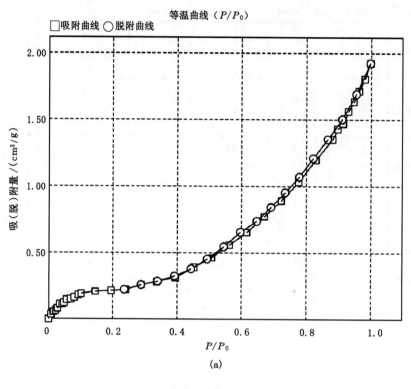

(a)

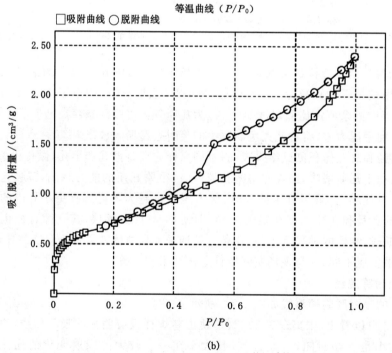

(b)

图 4-2-2　不同煤样吸附脱附等温线

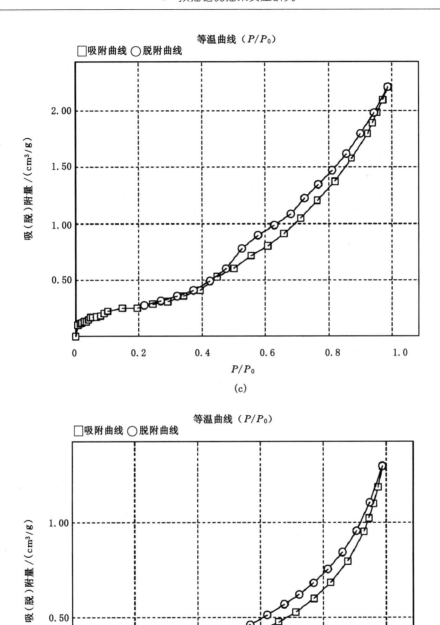

(c)

(d)

续图 4-2-2 不同煤样吸附脱附等温线

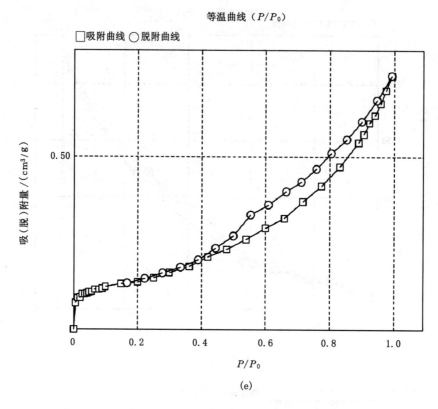

等温曲线（P/P_0）

□吸附曲线 ○脱附曲线

(e)

续图 4-2-2　不同煤样吸附脱附等温线

（a）朱集东矿 1222(1)顶板巷煤样；（b）朱集东矿 1232(1)工作面煤样；（c）朱集东矿 1151(1)运输巷煤样；
（d）顾北矿南翼 8-6-2 采区回风巷煤样；（e）顾桥矿 1125(1)运输巷煤样

输巷煤样和顾北矿南翼 8-6-2 采区回风巷煤样的回线相对于朱集东矿 1232(1)工作面煤样不明显,说明朱集东矿 1151(1)运输巷煤样中平行壁的狭缝孔比例低,该煤样还存在尖端部封闭的锥形孔。朱集东矿 1232(1)工作面煤样和顾桥矿 1125(1)运输巷煤样的吸附回线左侧与纵坐标相交,表明煤样中孔径在氮气分子直径左右的孔占有一定的比例。

根据分析,存在明显吸附回线的煤样,表明孔中氮气解凝需要一个低于一定值的压力,这一特征同样适用于瓦斯气体。测试煤样解吸瓦斯时也存在差异,朱集东矿 1222(1)顶板巷煤样不需要明显的解吸负压,朱集东矿 1232(1)工作面煤样和顾桥矿 1125(1)运输巷煤样的解吸负压达到一定值时,其内瓦斯才能迅速解吸得到释放。测试得到煤样解吸瓦斯的难易程度顺序是:朱集东矿 1232(1)工作面煤样＞顾桥矿 1125(1)运输巷煤样＞朱集东矿 1151(1)运输巷煤样＞顾北矿南翼 8-6-2 采区回风巷煤样＞朱集东矿 1222(1)顶板巷煤样。

4.2.4　煤样解吸特征

图 4-2-3 是朱集东矿煤样在不同压力下的解吸量和解吸速度关系图,由图可见,解吸量、解吸速度与负压均有关系,但之间并不是正相关关系。煤样解吸瓦斯过程中一定的负压是有助于煤体中吸附的瓦斯脱附,但是其特征与压力之间的关系并不是绝对的高负压有利于脱附。

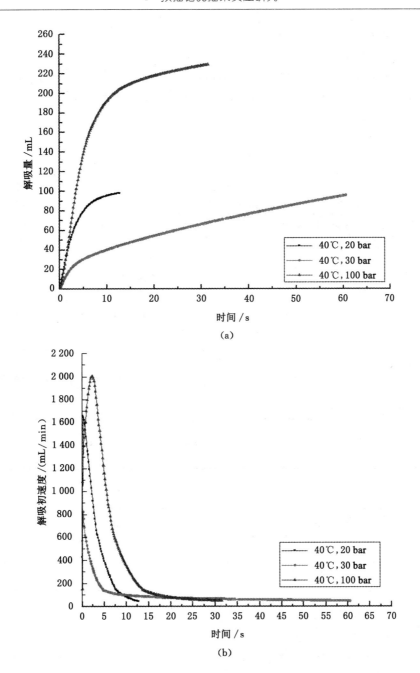

图 4-2-3　朱集东矿煤样不同瓦斯压力下解吸规律

（a）不同压力下解吸量与时间关系；（b）不同压力下解吸速度与时间关系

注：1 bar＝10^5 Pa

4.3　抽采负压试验研究

抽采负压现场考察在谢桥煤矿 6 煤层、顾北煤矿 6 煤层和顾桥煤矿 11-2 煤层、丁集煤矿 11-2 煤层、朱集东煤矿 11-2 煤层。

4.3.1 穿层预抽钻孔抽采负压试验研究

4.3.1.1 谢桥煤矿6煤层

谢桥煤矿6煤层12526底抽巷穿层预抽钻孔第四、第五和第六评价单元分别考察抽采负压18 kPa、13 kPa和8 kPa抽采条件下的瓦斯抽采,其抽采结果如图 4-3-1 所示,对抽采负压的效果进行统计如表 4-3-1 所列。

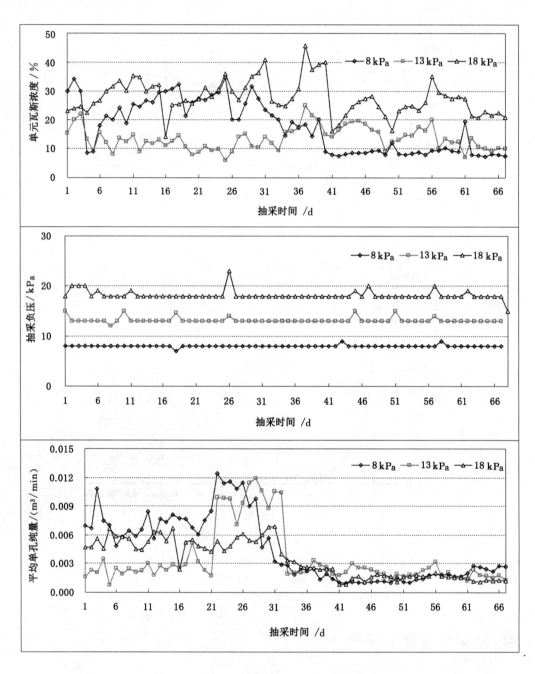

图 4-3-1　谢桥矿 6 煤层抽采负压与抽采效果关系图

表 4-3-1　　　　　　　　　谢桥矿 6 煤层抽采负压与抽采效果统计计数

浓度范围/%	抽采浓度范围计数			单孔纯量范围/(m³/min)	单孔纯量范围计数		
	18～23 kPa	12～15 kPa	7～9 kPa		18～23 kPa	12～15 kPa	7～9 kPa
≤20	4	64	42	≤0.001	2	1	1
20～30	43	3	20	0.001～0.001 5	9	3	14
30～40	18	0	5	0.001 5～0.002	15	19	9
>40	2	0	0	>0.002	41	44	43
总数	67	67	67	总数	67	67	67

从表 4-3-1 可知,抽采浓度大于等于 30% 的统计次数中,抽采负压在 18～23 kPa 时最多,为 20 次;单孔纯量大于等于 0.001 5 m³/min 的统计次数中,抽采负压在 12～15 kPa 时最多,为 63 次,在 18～23 kPa 时第二,为 56 次。

测试结果表明,以钻孔抽采浓度和单孔抽采纯量为恒量标准,建议谢桥矿 6 煤层穿层钻孔抽采负压控制在 12～23 kPa。

4.3.1.2　顾北煤矿 6 煤层

顾北煤矿 6 煤层 13126 运输巷底抽巷穿层预抽钻孔,结合现场正常抽采 36 kPa 的条件,增加调节抽采负压为 20 kPa 和 10 kPa 两种情况进行测试。考虑到单孔流量小,每观测组以 30 个钻孔进行计量,其观测结果如图 4-3-2 所示。

从图 4-3-2 中可以看出,抽采负压稳定时,钻孔抽采瓦斯浓度和抽采纯量相对稳定,围绕某一均值上下波动,但相同负压不同观测组之间有差异,主要受煤层瓦斯赋存、钻孔施工、封孔质量等多方面影响。考虑到第 3 组(10 kPa)和第 4 组(20 kPa)紧邻,其原始条件基本相当,比较第 3 组和第 4 组可看出,抽采负压 20 kPa 时平均抽采纯量 0.15 m³/min(30 个钻孔),要高于抽采负压 10 kPa 时的平均抽采纯量 0.05 m³/min(30 个钻孔),而且钻孔抽采瓦斯浓度也高。测试结果表明,顾北煤矿 6 煤层抽采负压为 20 kPa 较优。

4.3.1.3　丁集煤矿 11-2 煤层

在丁集矿 1351(1)运输巷底板巷穿层预抽钻孔第 10 和第 11 钻场分别测试 10 kPa、20 kPa 和 30 kPa 三种抽采负压下钻孔抽采瓦斯效果,为准确测试钻孔瓦斯流量,以 20 个钻孔作为一个统计组,测试结果如图 4-3-3 所示,对测试结果进行统计分析如表 4-3-2 所列。

从图 4-3-3 可以看出,抽采负压越低,钻孔抽采浓度和日平均纯量分布点集中位置越高(值越大),但数据点相对也越分散,难以从点的分布直接分析负压对抽采效果好坏的影响。从表 4-3-2 的统计结果可看出,三组测试组的抽采混量相当,抽采负压在 10 kPa 和 13 kPa 抽采瓦斯浓度、日抽采瓦斯混量及纯量相近,抽采负压为 15 kPa 时的抽采瓦斯浓度、日抽采瓦斯混量及纯量略小。因此,丁集煤矿 11-2 煤层穿层预抽钻孔抽采负压为 10～13 kPa 较优。

4.3.1.4　朱集东煤矿 11-2 煤层

朱集东煤矿 11-2 煤层 1222(1)工作面轨道巷的底板巷下向穿层预抽钻孔抽采浓度、抽

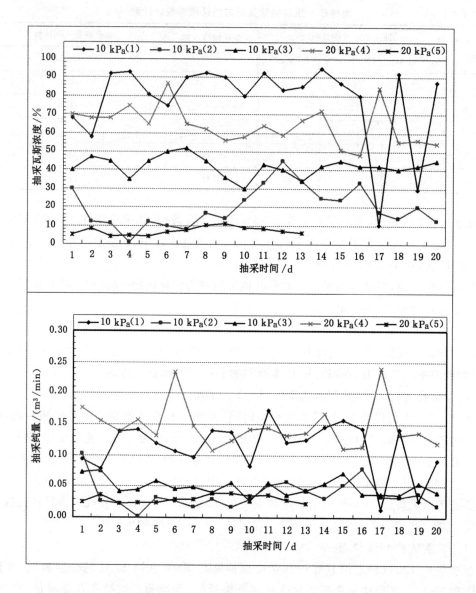

图 4-3-2　顾北煤矿 6 煤层穿层预抽钻孔抽采负压与抽采效果关系图

采负压如图 4-3-4 所示。

　　图 4-3-4 的测试结果表明,第一组抽采钻孔的负压要明显高于第二组抽采钻孔的负压,第一组抽采钻孔的负压平均约 20.5 kPa,第二组抽采钻孔的负压平均约 11.5 kPa,第二组抽采钻孔的瓦斯浓度要高于第一组抽采钻孔的瓦斯浓度。朱集东矿 11-2 煤层下向穿层预抽钻孔在两堵一注封孔条件下封孔深度 20 m 范围内抽采负压在 12～15 kPa 较为合适。

　　研究发现抽采负压越高,钻孔密封难度加大,钻孔漏气情况加重,钻孔测试的瓦斯浓度相应就低。

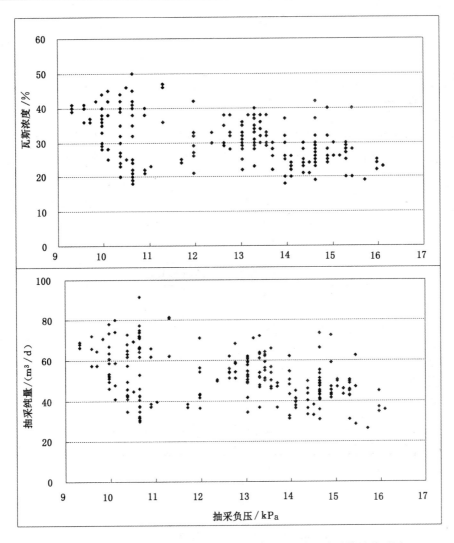

图 4-3-3 丁集矿 11-2 煤层穿层预抽钻孔抽采负压与抽采效果关系图

试验孔组号	平均负压/kPa	平均瓦斯浓度/%	平均抽采混量/(m³/d)	平均抽采纯量/(m³/d)
第一组	10.36	33.96	171.24	57.98
第二组	13.10	31.56	168.42	53.22
第三组	14.72	25.88	168.32	43.62

表 4-3-2　　　　丁集煤矿 11-2 煤层测试钻孔统计分析表

4.3.2　顺层预抽钻孔抽采负压试验研究

4.3.2.1　顾桥煤矿 11-2 煤层

在顾桥煤矿南区 1613(1)工作面运输平巷试验 15 kPa 和 20 kPa 两种抽采负压的瓦斯抽采效果,每组统计 10 个钻孔,测试结果如图 4-3-5 所示。

从图 4-3-5 的测试结果看,抽采负压增高,钻孔瓦斯浓度会下降,但抽采纯量未发生明

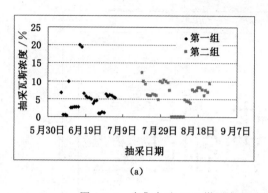

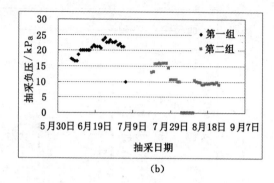

(a)　　　　　　　　　　　　　　　　　(b)

图 4-3-4　朱集东矿 11-2 煤层穿层预抽钻孔抽采时间与抽采负压、浓度关系图

(a) 钻孔抽采瓦斯浓度;(b) 钻孔抽采负压

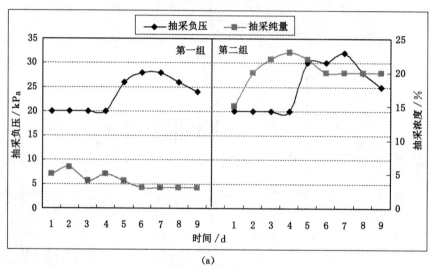

(a)

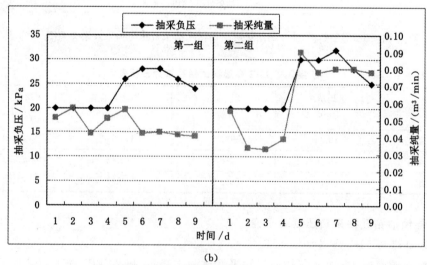

(b)

图 4-3-5　顾桥煤矿 11-2 煤层钻孔抽采负压与抽采效果关系图

(a) 抽采负压与抽采浓度;(b) 抽采负压与抽采纯量

显下降,甚至还有轻微上升现象,说明顾桥煤矿顺层预抽钻孔当前封孔质量较好,可适当增加钻孔抽采负压。从测试结果看,顾桥煤矿 11-2 煤层抽采负压 20 kPa 较优。

4.3.2.2 谢桥煤矿 6 煤层

在谢桥煤矿 13516 工作面轨道巷测试抽采负压分别是 8 kPa、13 kPa 和 18 kPa 顺层预抽钻孔抽采瓦斯效果,如图 4-3-6 所示。

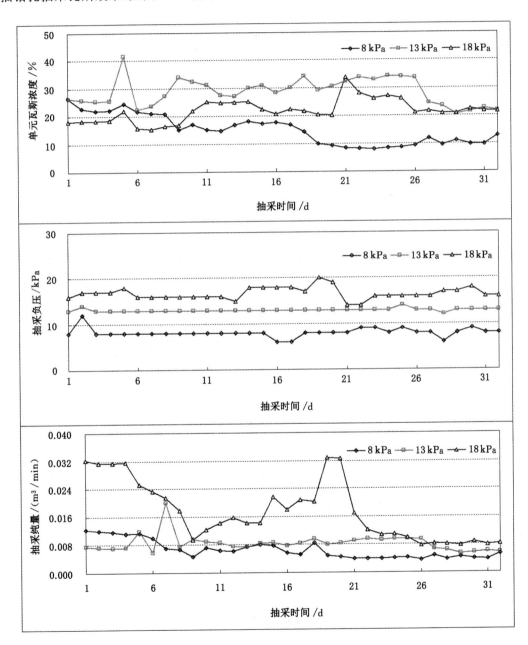

图 4-3-6 谢桥煤矿 6 煤层顺层预抽钻孔抽采负压与抽采瓦斯效果关系图

从图 4-3-6 的测试结果看,13 kPa 抽采负压时,钻孔瓦斯浓度最高,但 18 kPa 时,钻孔抽采瓦斯纯量最高。因此,研究认为谢桥煤矿 6 煤层顺层预抽钻孔抽采负压 18 kPa 较优。

4.3.2.3　丁集煤矿 11-2 煤层

丁集煤矿 11-2 煤层在 1232(1)运输巷分别试验 10 kPa、13 kPa 和 15 kPa 的抽采负压下钻孔抽采瓦斯效果,每组统计 20 个钻孔,测试结果如图 4-3-7 所示,统计结果如表 4-3-3 所列。

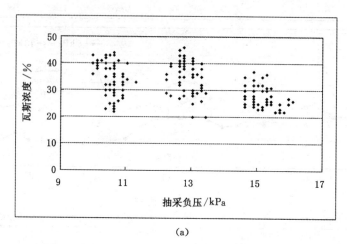

(a)

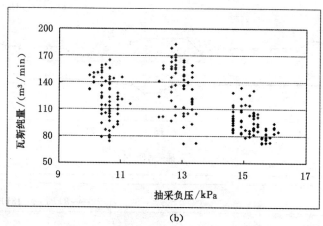

(b)

图 4-3-7　丁集煤矿 11-2 煤层顺层预抽钻孔抽采负压与抽采瓦斯效果关系图

(a)抽采负压与瓦斯浓度关系;(b)抽采负压与瓦斯纯量关系

表 4-3-3　　丁集煤矿 11-2 煤层顺层预抽钻孔抽采负压试验结果汇总表

试验孔组号	平均负压 /kPa	平均瓦斯浓度 /%	平均抽采混量 /(m³/d)	平均抽采纯量 /(m³/d)
第一组	10.54	33.86	354.99	120.70
第二组	13.23	34.03	381.06	130.53
第三组	15.15	27.54	347.01	95.77

从图 4-3-7 和表 4-3-3 中可以看出,抽采负压 13 kPa 时,顺层预抽钻孔抽采瓦斯浓度、

混量、纯量都较大。因此,丁集煤矿 11-2 煤层顺层预抽钻孔负压为 13 kPa 时抽采瓦斯效果较好。

4.4　小　　结

（1）通过不同煤的微观结构对抽采负压的影响研究,发现不同煤的微观结构存在差异,导致煤的抽采负压不同。

（2）采用统计分析和现场试验方法,对煤层钻孔抽采瓦斯情况进行综合研究,得到各试验矿井的煤层预抽钻孔抽采负压如表 4-4-1 所列。

表 4-4-1　　　　　　　淮南矿区关键保护层预抽钻孔抽采负压汇总表　　　　　单位：kPa

煤层 矿井	钻孔 类型	6 煤		11 煤				
		谢桥	顾北	顾桥	丁集	潘三	张集	朱集东
统计	穿层	14～19	21	15～18	21～28	/	/	/
	顺层	/	/	/	22～29	30～35	10～15	/
试验	穿层	12～23	20	/	10～13	/	/	12～15
	顺层	18	/	20	13	/	/	/
综合	穿层	14～19	20～21	15～18	10～13	30～35	10～15	12～15
	顺层	18	20～21	20	13	30～35	10～15	12～15

（3）研究发现各煤层的预抽钻孔抽采负压差异较大,相互之间难以统一,主要是因为预抽钻孔抽采负压的影响因素包括煤层本身特性、钻孔封孔质量和钻孔类型等,其影响程度也是复杂的。

（4）研究认为低负压时,钻孔封孔结构内外压差小,钻孔的密封总体效果要优,在相对低的负压下,煤层中瓦斯得以缓慢释放,进入抽采管路。而高负压时,由于钻孔内外压差大,孔口漏气严重,孔口气体泄漏量大,泄漏的气体在钻孔孔口形成"气塞"作用,导致钻孔内的瓦斯气体向钻孔口排泄困难,使得钻孔抽采的瓦斯总量反而低于低负压的钻孔。

5 抽采瓦斯煤岩气-固耦合研究

在建立煤岩瓦斯气-固耦合模型基础上,采用有限差分法对耦合模型进行离散,并利用
Fortran 语言对耦合模型进行求解,实现钻孔瓦斯抽采过程的数值模拟。

5.1 煤岩瓦斯气-固耦合数学模型的建立

主要利用渗流力学和弹塑性力学中的传质和力的守恒原理,建立煤岩瓦斯气-固耦合
模型。

5.1.1 裂隙系统的瓦斯渗流方程

在煤体计算区域中选一微元体,根据裂隙系统中的游离瓦斯质量守恒,各方向上单位时
间流入微元体的净瓦斯质量,加上微元体孔隙系统中解吸出来的瓦斯质量及微元体与钻孔
之间的质量交换量,等于单位时间内微元体的质量变化,即:

$$\frac{\partial(\rho n)}{\partial t} + \nabla \cdot (\rho v) = q + \sum_{j=1}^{N} \rho q^j \delta(x - x_w^j)\delta(y - y_w^j)\delta(z - z_w^j) \tag{5-1-1}$$

式中　ρ——游离瓦斯的密度,kg/m³;

　　　n——微元体的孔隙度,无量纲,它是个变量,需要结合瓦斯压力场和变形场进行耦合求解;

　　　∇——哈密尔顿算子,此处表示流体的散度,表征各方向上流入微元体的净质量;

　　　v——瓦斯渗流速度矢量,m/s;

　　　q——正的质量源,即微元体解吸出来的瓦斯质量,kg/(m³·s);

　　　$\delta(x)$——狄拉克函数;

　　　(x_w^j, y_w^j, z_w^j)——第 j 个抽采钻孔的坐标;

　　　N——钻孔的数量;

　　　q^j——位于(x_w^j, y_w^j, z_w^j)处的第 j 个抽采钻孔瓦斯的流量,m³/s。

5.1.2 孔隙系统的瓦斯扩散方程

与裂隙系统同一个微元体。同样根据微元体中吸附瓦斯的质量守恒,则有:

$$\frac{\partial C}{\partial t} + \nabla \cdot m = -q \tag{5-1-2}$$

式中　C——单位体积煤层所含吸附状态瓦斯的质量,kg/m³;

　　　m——吸附瓦斯的质量扩散速度矢量,kg/(m²·s)。

5.1.3 煤岩体变形控制方程

取同一微元体,根据微元体分别在 x, y, z 三个方向上力的平衡关系,得到:

$$\frac{\partial \sigma_x}{\partial x} + \frac{\partial \tau_{yx}}{\partial y} + \frac{\partial \tau_{zx}}{\partial z} + f_x = 0 \tag{5-1-3}$$

$$\frac{\partial \sigma_y}{\partial y} + \frac{\partial \tau_{xy}}{\partial x} + \frac{\partial \tau_{zy}}{\partial z} + f_y = 0 \tag{5-1-4}$$

$$\frac{\partial \sigma_z}{\partial z} + \frac{\partial \tau_{xz}}{\partial x} + \frac{\partial \tau_{yz}}{\partial y} + f_z = 0 \tag{5-1-5}$$

式中　f_x, f_y, f_z——x, y, z 三个方向上的体积力，Pa/m；

$\quad\quad\quad\sigma_x, \sigma_y, \sigma_z$——$x, y, z$ 三个方向上的正应力，Pa；

$\quad\quad\quad\tau_{yx}, \tau_{xy}, \tau_{yz}, \tau_{zy}, \tau_{zx}, \tau_{xz}$——微元体上的剪应力，Pa，并且，根据对称关系有：$\tau_{yx} = \tau_{xy}, \tau_{yz} = \tau_{zy}, \tau_{zx} = \tau_{xz}$。

以 z 方向为垂直方向，则把胡克定律、煤岩变形几何方程及修正的太沙基有效应力公式代入上式中，可以得到以位移为变量的变形场微分方程：

$$E_s \frac{\partial^2 u}{\partial x^2} + G\left(\frac{\partial^2 u}{\partial y^2} + \frac{\partial^2 u}{\partial z^2}\right) + (G+\lambda) \cdot \left(\frac{\partial^2 v}{\partial x \cdot \partial y} + \frac{\partial^2 w}{\partial x \cdot \partial z}\right) - \frac{\partial(\alpha p)}{\partial x} = 0 \tag{5-1-6}$$

$$E_s \frac{\partial^2 v}{\partial y^2} + G\left(\frac{\partial^2 v}{\partial x^2} + \frac{\partial^2 v}{\partial z^2}\right) + (G+\lambda) \cdot \left(\frac{\partial^2 u}{\partial y \cdot \partial x} + \frac{\partial^2 w}{\partial y \cdot \partial z}\right) - \frac{\partial(\alpha p)}{\partial y} = 0 \tag{5-1-7}$$

$$E_s \frac{\partial^2 w}{\partial z^2} + G\left(\frac{\partial^2 w}{\partial x^2} + \frac{\partial^2 w}{\partial y^2}\right) + (G+\lambda) \cdot \left(\frac{\partial^2 u}{\partial z \cdot \partial x} + \frac{\partial^2 v}{\partial z \cdot \partial y}\right) - \frac{\partial(\alpha p)}{\partial z} + \rho_v g = 0 \tag{5-1-8}$$

式中　G——剪切模量，满足 $G = \dfrac{E}{2 \cdot (1+\mu')}$，Pa；

$\quad\quad\quad E_s$——侧限压缩模量，满足 $E_s = \dfrac{E(1-\mu')}{(1-2\mu')(1+\mu')}$，Pa；

$\quad\quad\quad \lambda$——拉梅常数，满足 $\lambda = \dfrac{E\mu'}{(1-2\mu')(1+\mu')}$，Pa；

$\quad\quad\quad \alpha$——毕渥（Biot）数，无因次；

$\quad\quad\quad \mu'$——泊松比，无因次；

$\quad\quad\quad p$——瓦斯压力，Pa；

$\quad\quad\quad E$——弹性模量，Pa；

$\quad\quad\quad u, v, w$——x, y, z 方向的位移分量，m；

$\quad\quad\quad \rho_v$——微元体煤的密度，kg/m³。

5.1.4　模型耦合参数计算

根据朗缪尔公式，吸附瓦斯浓度可由下式计算：

$$C = \frac{abc p_1 p_n}{(1+b p_1)RT} \tag{5-1-9}$$

式中　a——单位质量可燃物在参考压力下的极限吸附量，m³/kg；

$\quad\quad\quad b$——吸附平衡常数，Pa⁻¹；

$\quad\quad\quad c$——单位体积可燃物的质量，kg/m³；

$\quad\quad\quad p_n$——参考压力，取 101 325 Pa；

p_1——孔隙系统吸附平衡压力,Pa;

R——瓦斯气体常数,J/(kg·K);

T——煤层温度,K。

游离瓦斯渗流速度 v 与吸附瓦斯扩散速度 m 分别采用达西渗流定律和菲克扩散定律进行计算:

$$v = -\frac{k}{\mu} \nabla p \tag{5-1-10}$$

$$m = -D \nabla C \tag{5-1-11}$$

式中 k——裂隙系统渗透率,m^2,它也是个变量,是孔隙率 n 的函数;

μ——瓦斯气体黏度,Pa·s;

D——孔隙系统瓦斯扩散系数,m^2/s;

p——瓦斯压力,Pa。

不考虑温度及煤岩瓦斯吸附解吸对煤岩孔隙率的影响,但考虑到孔隙压力对固体骨架的影响,根据孔隙率定义,则有:

$$n = 1 - \frac{(1-n_0)}{1+\varepsilon_v}\left(1 - \frac{p-p_0}{k_s}\right) \tag{5-1-12}$$

式中 ε_v——体应变,$\varepsilon_v = \frac{\partial u}{\partial x} + \frac{\partial v}{\partial y} + \frac{\partial w}{\partial z}$,无量纲;

k_s——煤岩固体骨架模量,Pa;

n_0——初始孔隙率,无量纲;

p_0——初始瓦斯压力,Pa。

渗透率为孔隙率函数,采用 Carman-Kozeny 公式进行求解:

$$k = \frac{k_0}{1+\varepsilon_v}\left[1 + \frac{\varepsilon_v}{n_0} + \frac{(p-p_0)\cdot(1-n_0)}{k_s \cdot n_0}\right]^3 \tag{5-1-13}$$

式中,k_0 为初始瓦斯渗透率,m^2。

煤岩渗透率非常复杂,不仅仅体现为非均质,而且还体现出各向异性。另外,在钻孔的施工过程中,会由于应力的集中和钻杆的破坏,对钻孔周围的煤岩产生一定程度的破坏,因此,很难通过数学模型对渗透率进行更为准确的描述,本书拟通过钻孔抽采模拟得到的瓦斯抽采量和抽采有效半径与现场实际进行对比,反演得到当量的初始渗透率。

根据气体状态方程,游离瓦斯看成理想气体,则密度 ρ_g 可用下式计算:

$$\rho_g = \frac{p}{RT} \tag{5-1-14}$$

5.2 煤岩瓦斯气-固耦合数学模型的求解方法

5.2.1 煤岩瓦斯气-固耦合数学模型的定解条件

假设计算区域四周为绝流边界,模型初始条件为已知煤层的初始压力 p_0,即有:

$$\begin{cases} \dfrac{\partial p}{\partial x} = 0 & (x=0, x=a) \\[2mm] \dfrac{\partial p}{\partial y} = 0 & (y=0, y=b) \\[2mm] p(x,y,t) = p_0 & (t=0) \end{cases} \qquad (5\text{-}2\text{-}1)$$

式中 a, b——计算区域的长、宽，m；

      p_0——初始瓦斯压力，Pa。

5.2.2 煤岩瓦斯气-固耦合数学模型的求解方法

利用有限容积法对守恒方程进行离散，Newton-Raphson 迭代法对非线性方程进行线性化，采用共轭梯度法求解线性化后的大型稀疏矩阵。

以求解二维变形场为例，假设煤层计算区域含有 $N_x \times N_y$ 个网格节点，则其包含的方程总数为 $2 \times N_x \times N_y$，待求解的主变量为 $n = N_x \times N_y$ 个，令 $n = N_x \times N_y$，则变形场离散方程写成下列数学形式：

$$F_m(x_1, x_2, \cdots, x_m, \cdots, x_{2n}) = 0 \quad 1 \leqslant m \leqslant 2n \qquad (5\text{-}2\text{-}2)$$

利用 Newton-Raphson 迭代求解该非线性方程组，把 x_l 表示成矢量 $\boldsymbol{x}$，F_m 表示成矢量 $\boldsymbol{F}$。对 F_m 进行泰勒展开，可以得到：

$$F_m(\boldsymbol{x} + \delta \boldsymbol{x}) = F_m(\boldsymbol{x}) + \sum_{l=1}^{2n} \frac{\partial F_m}{\partial x_l} \delta x_l + O(\delta \boldsymbol{x}^2) \qquad (5\text{-}2\text{-}3)$$

则矩阵可以表示成：

$$\boldsymbol{F}(\boldsymbol{x} + \delta \boldsymbol{x}) = \boldsymbol{F}(\boldsymbol{x}) + \boldsymbol{J} \cdot \delta \boldsymbol{x} + O(\delta \boldsymbol{x}^2) \qquad (5\text{-}2\text{-}4)$$

其中，$\boldsymbol{J}$ 为雅克比行列式，可以采用下式予以计算：

$$J_{ml} = \frac{\partial F_m}{\partial x_l} \approx \frac{F_m(x_1, x_2, \cdots, x_l + \Delta x_l, \cdots, x_{2n}) - F_m(x_1, x_2, \cdots, x_l, \cdots, x_{2n})}{\Delta x_l}$$

$$(5\text{-}2\text{-}5)$$

令 $\boldsymbol{F}(\boldsymbol{x} + \delta \boldsymbol{x}) = 0$，并且忽略 $O(\delta \boldsymbol{x}^2)$ 及更高项，则可以得到：

$$\boldsymbol{J} \cdot \delta \boldsymbol{x} = -\boldsymbol{F} \qquad (5\text{-}2\text{-}6)$$

由于行列式 $\boldsymbol{J}$ 为一个大型的稀疏矩阵，所以方程(5-2-6)为一个大型稀疏矩阵的线性方程组，求解这类方程组的方法比较多，有最小余量法(GMRES)和共轭梯度法(CGS)等，这里采用共轭梯度法予以求解。

在求解得到了 $\delta \boldsymbol{x}$ 后，需要判断是否收敛，若不收敛，则把 $\delta \boldsymbol{x}$ 作为上一个迭代初值的增量，得到下一个新的迭代步值：

$$\boldsymbol{x}_{\text{new}} = \boldsymbol{x}_{\text{old}} + \delta \boldsymbol{x} \qquad (5\text{-}2\text{-}7)$$

不断地重复迭代，直到满足下列收敛判据：

$$\frac{1}{2n} \sum_{l=1}^{2n} \frac{|\delta x_l|}{x_l} < \varepsilon \qquad (5\text{-}2\text{-}8)$$

说明方程组迭代收敛。

通过以上步骤，就可以求解出离散方程组(5-2-6)的解。

5.3 煤岩瓦斯气-固耦合数值模拟的算法实现

在 5.1 节和 5.2 节理论研究基础上,利用 Fortran 语言编程实现煤层钻孔瓦斯抽采过程的数值模拟,其程序流程如图 5-3-1 所示。

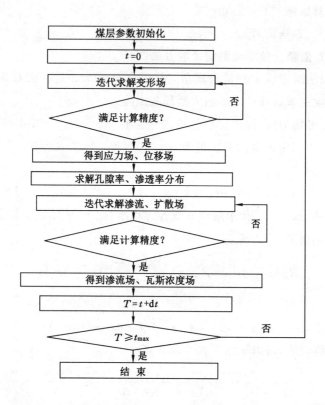

图 5-3-1 煤岩瓦斯气-固耦合程序流程图

5.4 煤层钻孔瓦斯抽采渗透率反演

煤岩渗透率是钻孔瓦斯抽采的关键参数。煤岩渗透率测试有很多种方法,如井下直接测试煤的透气性系数和实验室煤芯渗透实验测试,这些方法受到实验条件的影响,对实验结果影响较大。另外,受到煤层顶板地应力和钻孔施工及采动的影响,所以钻孔周围不同区域的瓦斯渗透率也不同,很难用一个数学模型去描述真实的渗透率分布。本书提出了一种全新的渗透率求解方法,即根据潘三煤矿 17102(1)工作面顺层预抽孔瓦斯抽采半径实验参数进行钻孔抽采过程数值模拟,通过不断地调整初始渗透率,直到瓦斯抽采半径与现场实验结果相吻合时,得到的初始渗透率即为该煤层的当量初始渗透率。研究得到的当量初始渗透率可为顺层预抽钻孔护管技术及穿层预抽钻孔布置方式数值模拟提供基础。

5.4.1 顺层预抽钻孔瓦斯抽采模拟基础参数

根据潘三煤矿 17102(1)工作面运输平巷地质参数及煤样瓦斯吸附 a、b 常数实验结果,得到 11-2 煤的瓦斯地质参数如表 5-4-1 所列。

表 5-4-1　　　　　　　　　　　潘三煤矿 11-2 煤层瓦斯地质参数

参数	值	数据来源
$a/(m^3/t)$	18.107 1	实验室实验
$b/(1/MPa)$	0.959 2	实验室实验
初始瓦斯压力 p_0/MPa	0.8	朗缪尔吸附方程反求
初始瓦斯含量 $W_0/(m^3/t)$	4.92	顺层钻孔抽采半径实验
灰分/%	11.73	实验室实验
水分/%	1.38	实验室实验
初始孔隙率 $n_0/\%$	2.24	实验室实验
弹性模量 E/Pa	3×10^9	实验室实验
泊松比 μ'	0.4	实验室实验
扩散系数 $D/(m^2/s)$	6.0×10^{-12}	查阅论文文献
视密度/(kg/m^3)	1 310	实验室实验

5.4.2　钻孔瓦斯抽采模拟物理模型

根据潘三煤矿 11-2 煤层顺层预抽钻孔抽采半径实验的实际钻孔参数,把顺层预抽钻孔抽采过程的物理模型简化为二维平面模型,如图 5-4-1 所示。

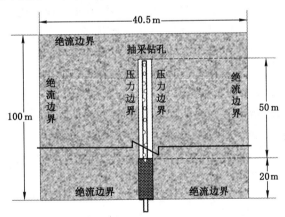

图 5-4-1　潘三煤矿 17102(1)工作面运输平巷顺层预抽钻孔瓦斯抽采物理模型

5.4.3　钻孔气室内瓦斯抽采负压分布

根据潘三煤矿 17102(1)工作面运输平巷顺层预抽钻孔瓦斯抽采半径实验数据,顺层预抽钻孔平均抽采负压为 21 kPa,试验地点的标高为-760 m,则折算出钻孔最外端的绝对压力约为 0.089 MPa。

当钻孔外端抽采负压为 21 kPa 时,可以模拟分析得到钻孔内的抽采负压分布如图5-4-2所示。

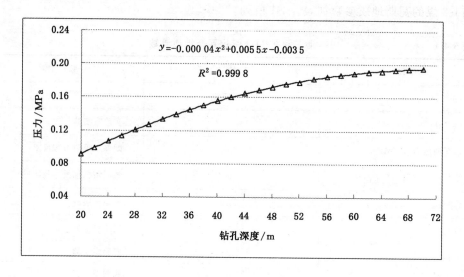

图 5-4-2　钻孔深度与钻孔内压力的关系曲线

根据图 5-4-2 曲线,拟合得到钻孔气室内瓦斯压力 p 与钻孔深度 y 的函数关系:

$$p_{(x,y,t)} = -0.000\,04y^2 + 0.005\,5y - 0.003\,5 \qquad \begin{cases} 20.2 \leqslant x \leqslant 20.3 \\ 20.0 \leqslant y \leqslant 70.0 \end{cases} \tag{5-4-1}$$

5.4.4　煤层瓦斯渗透率反演

根据潘三煤矿 17102(1)工作面运输平巷顺层预抽钻孔抽采半径实验,顺层钻孔瓦斯抽采 30 d 的有效半径为 5.0 m。因此,当数值模拟抽采 30 d 得到的瓦斯压力和瓦斯含量分布满足最大抽采有效半径 5 m 时,即为煤层当量初始渗透率。根据瓦斯抽采有效半径的判据,当煤层的初始瓦斯含量低于 6.0 m³/t 时,残余瓦斯压力应低于 0.74 MPa,而且瓦斯抽采率应大于 75%。根据抽采半径实验,该区域的初始瓦斯含量为 4.92 m³/t,因此抽采后残余瓦斯含量应低于 3.69 m³/t 才为有效抽采范围。

通过不断改变初始渗透率进行钻孔抽采瓦斯过程的非稳态数值模拟,当初始渗透率 k_0 为 2.0×10^{-16} m² 时,抽采 30 d 的瓦斯压力和瓦斯含量分布如图 5-4-3 所示。

从图 5-4-3 中可以看出,钻孔内瓦斯压力和含量的等值线形状分布一致,形状近似呈椭球面。由于钻孔越深,钻孔气室内瓦斯压力越大(图 5-4-2),所以钻孔附近的瓦斯压力也越大,而且这种分布越靠近钻孔,越明显。根据图 5-4-3,得到沿钻孔不同深度剖面(距钻孔外口分别为 22 m、33 m、45 m、70 m)的瓦斯压力和瓦斯含量分布,分别如图 5-4-4 和图 5-4-5 所示。

从图 5-4-4 和图 5-4-5 可知,钻孔瓦斯压力和瓦斯含量呈漏风形分布,越靠近钻孔,压力和含量越低。根据有效抽采半径的判据分析,模拟得到的有效抽采半径为 4.8 m,这与现场测试实验分析得到的有效抽采半径 5.0 m 基本一致,因此,潘三煤矿 11-2 煤层当量初始渗透率 k_0 为 2.0×10^{-16} m²。把初始渗透率及实验得到的初始孔隙率和弹性模量代入式 (5-1-13)中,得到潘三煤矿 11-2 煤层瓦斯渗透率模型为:

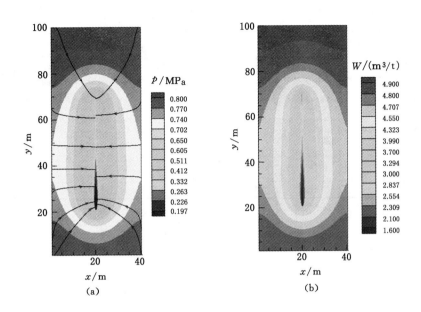

图 5-4-3   顺层预抽钻孔抽采 30 d 后钻孔内瓦斯压力和含量分布等值线图
(a) 瓦斯压力分布云图；(b) 瓦斯含量分布云图

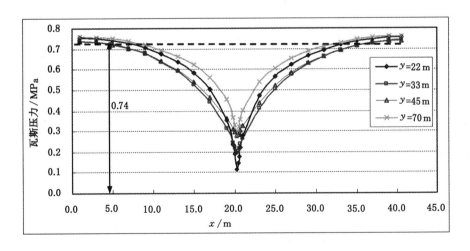

图 5-4-4   沿钻孔不同深度剖面上的瓦斯压力分布曲线

$$k = \frac{2.0 \times 10^{-16}}{1 + \varepsilon_v} \left[1 + \frac{\varepsilon_v}{0.022\,4} + \frac{0.977\,6 \times (p - p_0)}{3.0 \times 10^9 \times 0.022\,4} \right]^3 \qquad (5\text{-}4\text{-}2)$$

从式(5-4-2)可知,渗透率仅与瓦斯压力及体应变有关,体应变与固体变形有关,需要求解变形方程获得。求解得到的渗透率模型将为顺层预抽钻孔护管技术及穿层预抽钻孔布置方式数值模拟提供依据。

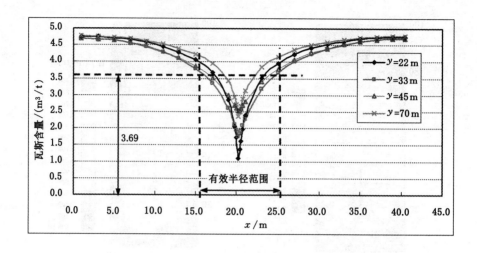

图 5-4-5　沿钻孔不同深度剖面上的瓦斯含量分布曲线

5.5　小　　结

（1）在建立煤岩瓦斯气-固耦合模型基础上，采用有限容积法对煤岩瓦斯气-固耦合模型进行离散，并提出了该耦合模型的计算求解方法，利用 Fortran 语言实现该耦合模型的求解过程，以达到钻孔瓦斯抽采过程的数值模拟研究。

（2）研究提出煤层渗透率反演方法，通过对潘三煤矿 11-2 煤层 17102(1)工作面运输平巷顺层预抽钻孔瓦斯抽采过程数值模拟，反演求得 11-2 煤层当量初始渗透率为 2.0×10^{-16} m^2。

（3）研究得到潘三煤矿 17102(1)工作面运输平巷顺层预抽钻孔周围瓦斯压力和含量分布规律；研究得到的渗透率模型将为预抽钻孔数值模拟提供依据。

6 穿层预抽钻孔布置研究

煤矿瓦斯治理的钻孔工程量非常大,投入也大,因此需要充分利用钻孔。对于穿层钻孔,大量钻孔为岩石段,有效治理瓦斯的钻孔段短,合理布置钻孔对于实现瓦斯治理预期目的和减少钻孔工程量都非常重要。

6.1 穿层预抽钻孔布置方式数值模拟研究

6.1.1 模型与参数

每个钻场的钻孔数量较多,由于每排钻孔是对称分布的,假定每个钻孔对其周围瓦斯抽采效果是一致的,则分析钻孔抽采影响时,可从钻孔布置区域选择共性单元,即任取 4 个钻孔共同控制的区域,作为研究对象,则 7 m×7 m、8 m×6 m 和 10 m×5 m 钻孔布置方式如图 6-1-1 所示,其中模型边界因对称作用可设为绝流边界。

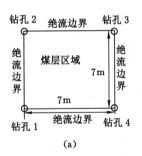 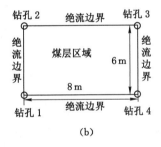 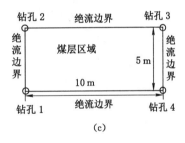

图 6-1-1 3 种钻孔布置方式示意图

(a) 7 m×7 m;(b) 8 m×6 m;(c) 10 m×5 m

以潘三煤矿 2121(1)工作面运输巷瓦斯综合治理巷为原型,模拟时选取相关参数如表6-1-1 所列。为了对比不同钻孔布置方式的效果,使相互之间具有可比性,本次模拟除了计算区域不同之外,其他模拟条件都相同。

表 6-1-1　　　　　　　　　　　钻孔布置方式模拟参数表

参数	值	数据来源
$a/(\mathrm{m^3/t})$	18.107 1	实验室实验
$b/(1/\mathrm{MPa})$	0.959 2	实验室实验
初始瓦斯压力 p_0/MPa	1.4	现场实验
初始瓦斯含量 $W_0/(\mathrm{m^3/t})$	6.552	根据朗缪尔吸附方程

参数	值	数据来源
灰分/%	11.73	实验室实验
水分/%	1.38	实验室实验
初始孔隙率/%	2.24	实验室实验
初始渗透率/m²	2.0×10^{-16}	瓦斯抽采半径反演
弹性模量 E/Pa	3×10^9	实验室实验
泊松比 μ'	0.4	实验室实验
扩散系数 D/(m²/s)	6.0×10^{-12}	查阅论文文献
视密度/(kg/m³)	1 310	实验室实验

6.1.2 数值模拟结果与分析

根据第 5 章钻孔瓦斯抽采气-固耦合模型及其算法对 3 种钻孔布置方式的穿层预抽钻孔瓦斯抽采过程进行数值模拟。穿层预抽钻孔抽采 30 d 后的煤层瓦斯压力和瓦斯含量分布如图 6-1-2~图 6-1-4 所示。

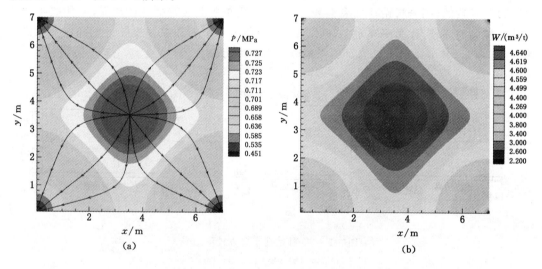

图 6-1-2　钻孔布置方式 7 m×7 m 瓦斯压力和含量分布云图
（a）瓦斯压力；（b）瓦斯含量

从图 6-1-2~图 6-1-4 可知，无论何种钻孔布置方式，瓦斯压力和瓦斯含量的相对钻孔位置关系具有一个共性，即越靠近钻孔附近，瓦斯压力和瓦斯含量越低，这主要是因为在瓦斯抽采条件下，钻孔周围的瓦斯不断地向钻孔内运移，最后经钻孔流出，从而使得钻孔附近的瓦斯压力和瓦斯含量逐渐减小，这从瓦斯压力图中的流线的箭头指向可以看出。同一钻孔布置方式的瓦斯压力和含量的分布是对应一致的，也是越靠近钻孔瓦斯含量越低，这主要是因为煤层的瓦斯压力和含量满足朗缪尔方程，瓦斯压力越高，含量越大，两者变化规律具有一致性。

比较图 6-1-2~图 6-1-4 中不同钻孔布置方式，4 个钻孔共同控制区域的瓦斯含量和瓦斯压力分布相互之间也存在差异，这种差异主要体现在瓦斯抽采效果较弱区域的分布上，不

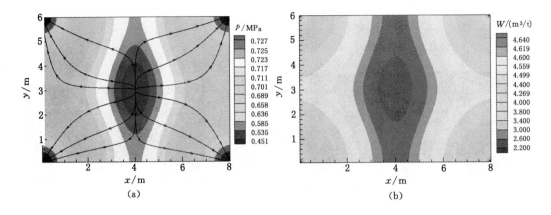

图 6-1-3　钻孔布置方式 8 m×6 m 瓦斯压力和含量分布云图
(a) 瓦斯压力；(b) 瓦斯含量

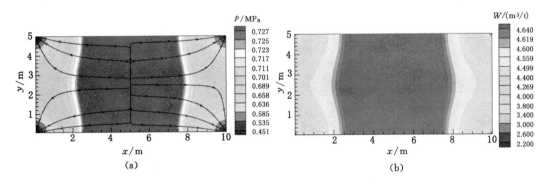

图 6-1-4　钻孔布置方式 10 m×5 m 瓦斯压力和含量分布云图
(a) 瓦斯压力；(b) 瓦斯含量

同钻孔布置方式下,这一区域面积不同,区域的形状也不相同,主要是因为这一区域距离钻孔远,瓦斯压力和瓦斯含量在钻孔抽采时下降率不高。为了衡量与比较不同钻孔布置的抽采效果较弱区域面积,以钻孔抽采 30 d 后,瓦斯含量和瓦斯压力不满足有效抽采率要求的区域定义为危险区域(或瓦斯抽采空白带),如图 6-1-5 所示。满足有效抽采率的要求定义为:抽采后煤层瓦斯压力低于 0.74 MPa,以及瓦斯含量下降率大于 25%(原始瓦斯含量 4～6 m³/t)或大于 35%(原始瓦斯含量大于 6 m³/t)。

根据模拟结果,7 m×7 m 布置方式非控制区域最大瓦斯压力为 0.73 MPa,最大瓦斯含量为 4.655 m³/t;8 m×6 m 布置方式非控制区域最大瓦斯压力为 0.728 MPa,最大瓦斯含量为 4.648 m³/t;10 m×5 m 布置方式非控制区域最大瓦斯压力为 0.764 MPa,最大瓦斯含量为 4.782 m³/t。因此,以瓦斯压力 0.74 MPa 作为煤与瓦斯突出危险性的判据,则 10 m×5 m 钻孔布置方式存在一定的煤与瓦斯突出危险性,说明 10 m×5 m 钻孔布置方式更容易留有煤与瓦斯突出危险区。

以残余瓦斯含量大于 4.59 m³/t 区域作为非控制区域,可以得到三种钻孔布置方式下的非控制区域如图 6-1-5 所示,计算出 7 m×7 m、8 m×6 m 和 10 m×5 m 三种布置方式下的瓦斯抽采 30 d 后非控制区域面积分别为 4.52 m²、5.08 m² 和 21.0 m²，7 m×7 m 与 8 m×6 m 钻孔布置方式瓦斯抽采非控制区域的面积较小且相差不大，而 10 m×5 m 钻孔布置方式瓦斯抽采非控制区域面积较大。

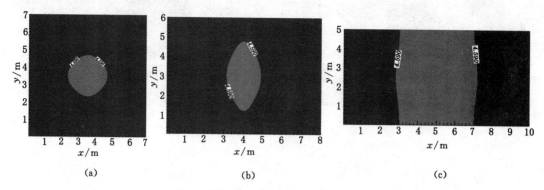

图 6-1-5　不同钻孔布置方式的危险区域分布图

(a) 7 m×7 m 布置；(b) 8 m×6 m 布置；(c) 10 m×5 m 布置

由此可见，穿层预抽钻孔布置采用 7 m×7 m 或 8 m×6 m 的方式较好。

6.2　穿层预抽钻孔布置试验研究

为分析不同钻孔布置方式的瓦斯抽采情况，分别在潘三煤矿开展穿层钻孔布置方式和谢桥煤矿穿层钻孔布置形式的试验研究。

6.2.1　穿层预抽钻孔布置方式试验研究

6.2.1.1　试验地点与钻孔布置

在潘三煤矿 2121(1)工作面运输平巷瓦斯综合治理巷进行试验，依据穿层预抽钻孔抽采 30 d 的有效影响半径 5 m 为标准。钻孔终孔布置分别为 10 m×5 m、8 m×6 m 和 7 m×7 m，其中 1、2 钻场为 10 m×5 m 布置，4、5 钻场为 8 m×6 m 布置，7、8 钻场为 7 m×7 m 布置，钻孔布置如图 6-2-1～图 6-2-3 所示。

6.2.1.2　抽采瓦斯效果分析

为使测试结果具有可比性，试验钻场的数据以钻孔施工完毕后 30 d 内的抽采数据为准。统计抽采参数包括钻孔数、抽采负压、瓦斯浓度、抽采混量和抽采纯量，并以平均单孔抽采瓦斯纯量为考察依据，统计结果如表 6-2-1 所列。

从表 6-2-1 可知，抽采负压相差不大的抽采条件下，7 m×7 m 布置的平均单孔纯量达到了 0.010 7 m³/min，8 m×6 m 布置的平均单孔纯量略低于 7 m×7 m 布置，而 10 m×5 m 布置的平均单孔纯量仅为 0.008 6 m³/min。从抽采效果角度，10 m×5 m 钻孔布置方式的抽采效果最差，7 m×7 m 钻孔布置方式抽采效果优于 8 m×6 m 钻孔布置方式抽采效果。

6.2.1.3　单位长度巷道钻孔工程量

所谓单位长度巷道所需钻孔工程量即为保证钻孔在倾向上满足钻孔卸压范围要求的前提下，每 1 m 煤巷走向长度所需要的钻孔工程量，若需要的工程量越少，则可以节约钻孔施工的成本，提高钻孔抽采的效率。

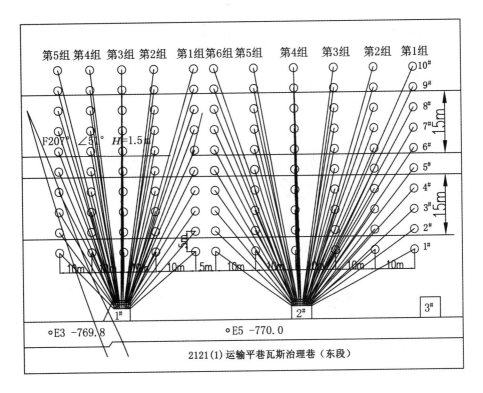

图 6-2-1　1、2 钻场穿层钻孔 10 m×5 m 布置图

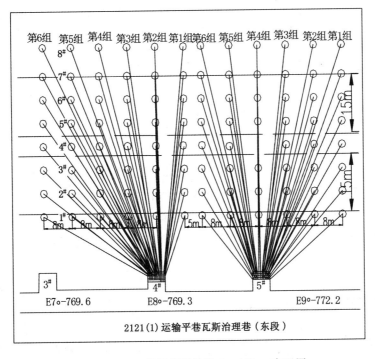

图 6-2-2　4、5 钻场穿层钻孔 8 m×6 m 布置图

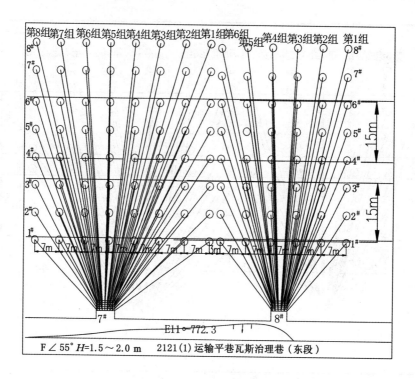

图 6-2-3 7、8 钻场穿层钻孔 7 m×7 m 布置图

表 6-2-1　　　　　　　　　　穿层钻孔不同布置方式钻孔抽采瓦斯效果

钻场	抽采负压 /kPa	平均浓度 /%	混合量 /(m³/min)	纯量 /(m³/min)	钻孔 数量/个	平均单孔纯量 /(m³/min)	布孔参数 /(m×m)
1、2	84.21	47.79	2.10	0.95	110	0.008 6	10×5
4、5	88.38	49.22	2.04	1.01	96	0.010 5	8×6
7、8	79.45	54.98	2.17	1.20	112	0.010 7	7×7

从钻孔的布置图 6-2-1 可知,现场 10 m×5 m 钻孔布置每个钻场基本上按照类似 2# 钻场的 6 排设计(图中 1# 钻场因处在采区上山附近故仅布置 5 排钻孔),每排 10 孔,每个钻场的总孔数为 60 个,根据现场钻孔设计所得到的总钻孔施工长度为 3 516.7 m,而 10 m×5 m 钻场布孔的走向间距为 50 m,则单位长度巷道所需钻孔工程量 M 为:

$$M = \frac{L_2}{L_1} = \frac{3\,516.7}{50} = 70.3\ (\text{m/m}) \tag{6-2-1}$$

式中　L_1——掩护巷道总长,m;

　　　L_2——所需钻孔工程量,m。

根据钻孔的布置图 6-2-2 可知,现场 8 m×6 m 钻孔布置一般按照 6 排设计,每排 8 孔,每个钻场的总孔数为 48 个,根据现场钻孔设计所得到的总钻孔施工长度为 2 759.4 m,8 m×6 m 钻场布孔的走向间距为 40 m,则单位长度巷道所需钻孔工程量 M 为:

$$M=\frac{L_2}{L_1}=\frac{2\ 759.4}{40}=69.0\ (\mathrm{m/m}) \tag{6-2-2}$$

同理,根据钻孔的布置图 6-2-3 可知,现场 7 m×7 m 钻孔布置一般也是按照 6 排设计,根据条带预抽时煤层倾向宽度要求(至少保证被掩护煤巷两侧 15 m 范围内都被预抽),则每排也需要 8 孔,每个钻场的总孔数为 48 个,同样根据现场钻孔设计所得到的总钻孔施工长度为 2 694.2 m,7 m×7 m 钻场布孔的走向间距为 35 m,则单位长度巷道所需钻孔工程量 M 为:

$$M=\frac{L_2}{L_1}=\frac{2\ 694.2}{35}=77.0\ (\mathrm{m/m}) \tag{6-2-3}$$

从以上分析可知,8 m×6 m 钻孔布置方式的单位长度巷道所需钻孔工程量最小,为 69 m/m;10 m×5 m 钻孔布置方式次之;而 7 m×7 m 钻孔布置方式的单位长度巷道所需钻孔工程量最大,高达 77.0 m/m。因此,从所需钻孔工程量角度看,8 m×6 m 钻孔布置方式为最优。

6.2.2　穿层预抽钻孔布置形式试验研究

6.2.2.1　试验地点与钻孔布置形式

穿层预抽钻孔布置形式的试验在谢桥矿 12526 底板抽采巷进行。第八单元 24# ～27# 四个钻场的钻孔布置形式为矩形布置(四个钻场每个钻场都是 10 m×5 m 矩形布置),共计 237 个钻孔。第九单元 28# ～30# 三个钻场的钻孔布置形式为相邻两排钻孔错开布置(其中 28# 钻场是 10 m×5 m 布置但相邻两排左右错开 5 m 布置;29# 钻场是 7 m×5 m 布置但相邻两排左右错开 5 m 布置;30# 钻场是 8 m×5 m 布置但相邻两排左右错开 5 m 布置),共计 230 个钻孔。钻孔布置如图 6-2-4 和图 6-2-5 所示。

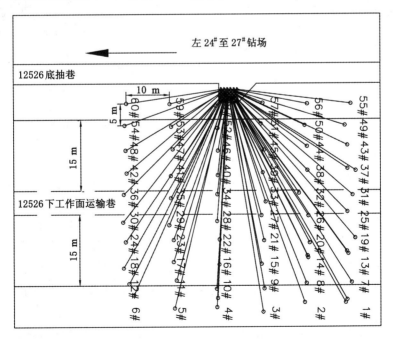

图 6-2-4　钻孔终孔矩形布置(第八单元 24# ～27# 四个钻场)

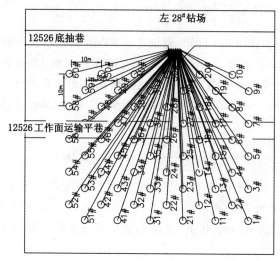

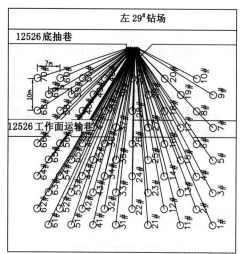
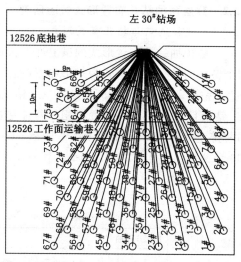

图 6-2-5　钻孔终孔错开布置(第九单元 28# ～30# 三个钻场)

6.2.2.2　抽采瓦斯效果分析

不同钻孔布置形式抽采瓦斯效果如图 6-2-6 和图 6-2-7 所示,钻孔抽采瓦斯效果统计如表 6-2-2 所列。

矩形布置形式为 4 个钻场共 237 个钻孔,而错开布置是 3 个钻场共 230 个钻孔,从试验结果可知,虽然矩形布置合茬抽采的瓦斯平均浓度 29.1% 要比错开布置形式的 23.67% 稍微高一些,但从单孔抽采纯量来看,错开布置形式的单孔抽采纯量 0.007 13 m³/min 比矩形布置的 0.004 32 m³/min 高 1.65 倍。因此,建议穿层预抽钻孔布置形式采用错开布置较好。

6.2.2.3　消除煤与瓦斯突出危险性

为测试不同钻孔布置形式下相同抽采时间后的煤与瓦斯突出危险区情况,采用瓦斯含量法检测其消除煤与瓦斯突出效果。消除煤与瓦斯突出效果检验钻孔布置如图 6-2-8 和图 6-2-9 所示。

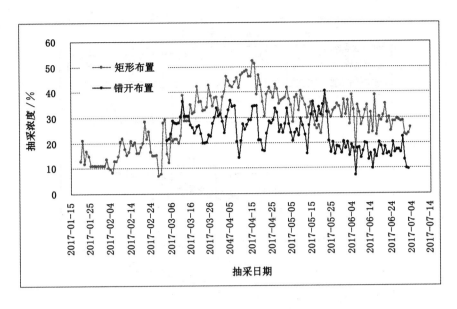

图 6-2-6　不同钻孔布置形式瓦斯抽采浓度对比图

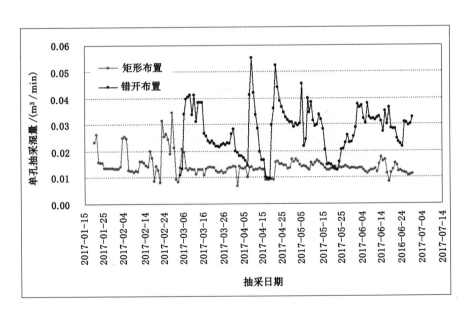

图 6-2-7　不同钻孔布置形式单孔瓦斯抽采混量对比图

表 6-2-2　　　　　　　　不同钻孔布置形式单孔瓦斯抽采效果对比表

平均值	浓度/%	负压/kPa	混量 /(m³/min)	单孔混量 /(m³/min)	纯量 /(m³/min)	单孔纯量 /(m³/min)	合茬 钻孔数
矩形布置	29.1	18.7	2.968 8	0.014 07	0.970 8	0.004 32	237
错开布置	23.67	24.9	4.15	0.028 33	0.986 1	0.007 13	230

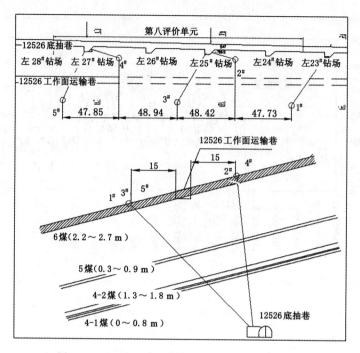

图 6-2-8　12526 下平巷第八单元检验钻孔布置图

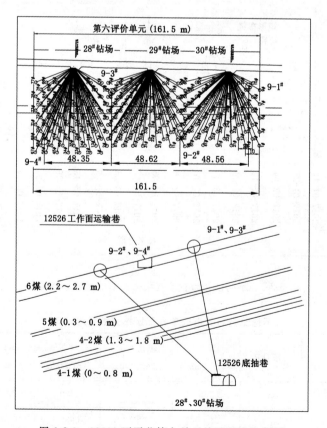

图 6-2-9　12526 下平巷第九单元检验钻孔布置图

测试结果表明,12526 底抽巷矩形布置的第八单元瓦斯储量为 46.5 万 m³,最大原始瓦斯含量为 5.6 m³/t,钻孔施工抽采后,抽采率为 50.5%,检验孔最大残余瓦斯含量为 3.1 m³/t,检验孔位置瓦斯含量下降率为 44.6%,超过 25%,不存在危险区。

12526 底抽巷错开布置的第九单元瓦斯储量为 34.4 万 m³,最大原始瓦斯含量为 5.2 m³/t,钻孔抽采后的抽采率为 50.6%,检验孔最大残余瓦斯含量为 3.0 m³/t,检验孔位置瓦斯含量下降率为 42.3%,超过 25%,也不存在危险区。

6.3 小　　结

(1) 通过数值模拟和现场试验研究得到淮南矿区穿层预抽钻孔布置方式,从钻孔之间的煤与瓦斯突出危险区域面积、施工钻孔工程量和抽采瓦斯效果综合考虑,建议淮南矿区穿层预抽钻孔布置方式采用 8 m×6 m 布置。

(2) 通过现场试验研究认为,无论穿层钻孔是矩形布置还是错开布置,在相同抽采时间下,钻孔抽采瓦斯控制区域任意地点的瓦斯含量下降率均超过了 42%,不存在煤与瓦斯突出危险区,消除煤与瓦斯突出危险性的目标均已实现。但在不同穿层钻孔布置形式下的瓦斯抽采效果表明,钻孔错开布置以相对较少的钻孔数量实现较高的单孔抽采瓦斯纯量,钻孔利用率较高。因此,钻孔终孔点错开布置更优。

7 顺层抽采钻孔护孔技术研究

顺层钻孔抽采瓦斯过程往往因为煤层软,出现塌孔现象,尤其是钻孔比较深的时候,这一现象发生得更为普遍。一旦发生塌孔,抽采钻孔能否实现预想的瓦斯抽采效果,尤其是靠近孔底附近煤体的瓦斯能否在抽采负压的作用下得到抽采,实现预计煤层区域普遍消除煤与瓦斯突出,不留空白区域呢?

考虑到研究的可行性,通过分析一定抽采负压下,不同抽采时间后,煤层平面钻孔周围二维空间煤体瓦斯含量分布变化情况,为顺层钻孔是否采用全程护管技术提供理论依据。

7.1 顺层抽采钻孔护孔技术数值模拟研究

7.1.1 物理模型及模拟条件

以潘三煤矿 11 煤层 1662(1)工作面区段煤层特征为基础,建立二维物理模型,如图 7-1-1 所示。针对现场条件,模拟钻孔总长 50 m,封孔深度从孔口开始封 20 m,抽采气室长为 30 m 范围。根据现场测试,初始瓦斯含量为 5.32 m³/t,采用朗缪尔吸附方程反演初始瓦斯压力为 0.92 MPa,模拟中涉及的其他参数见表 7-1-1。

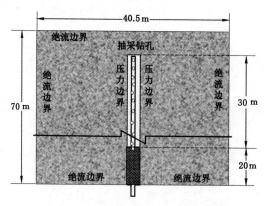

图 7-1-1 顺层钻孔数值模拟几何模型

表 7-1-1 顺层抽采钻孔护孔技术模拟基础参数

参数	值	数据来源
$a/(\text{m}^3/\text{t})$	18.107 1	实验室实验
$b/(1/\text{MPa})$	0.959 2	实验室实验
灰分/%	11.73	实验室实验
水分/%	1.38	实验室实验
初始孔隙率 $n_0/\%$	2.24	实验室实验

参数	值	数据来源
弹性模量 E/Pa	3×10^9	实验室实验
泊松比 μ'	0.4	实验室实验
扩散系数 D/(m²/s)	6.0×10^{-12}	查阅论文文献
视密度/(kg/m³)	1 310	实验室实验

现场钻孔直径为 113 mm,钻孔的边界条件需要根据是否下花管护孔而定,可分以下 4 种模拟方案处理。

7.1.1.1　方案 1:全程不下花管护孔

全程不下花管护孔,因围岩应力作用则会塌孔,此时钻孔瓦斯抽采气室内可以看成比煤岩渗透率更大的多孔介质,封孔位置处设定为压力出口边界,压力直接等于钻孔的抽采负压,即有:

$$p(x,20)=p_{out}\quad(20.2\leqslant x\leqslant 20.3)\tag{7-1-1}$$

式中,p_{out} 为钻孔抽采负压,单位为 kPa。

根据方案 1,把煤层抽采钻孔简化的二维物理模型如图 7-1-2 所示。

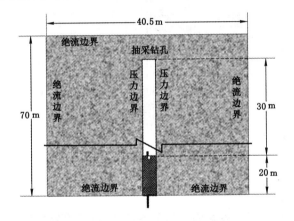

图 7-1-2　方案 1 模拟几何模型

7.1.1.2　方案 2:封孔深度向里 15 m 花管护孔

封孔深度向里 15 m 花管护孔,则在花管后往里 15 m 范围内,也因围岩应力作用会塌孔,其处理方法与方案 1 一致。

根据方案 2,把煤层抽采钻孔简化的二维物理模型如图 7-1-3 所示。

7.1.1.3　方案 3:全程护孔,前 15 m 钻孔实管护孔,后 15 m 花管护孔

实管段采用绝流边界,花管段采用定压边界条件,但钻孔内压力与孔深的函数关系需要模拟求得,它是钻孔深的函数,即有:

$$p(x,y)=f(y)\quad\begin{cases}20.2\leqslant x\leqslant 20.3\\20.0\leqslant y\leqslant 50.0\end{cases}\tag{7-1-2}$$

由于煤层顺层钻孔抽采瓦斯负压基本一致,因此钻孔气室内瓦斯压力分布近似按照式 (5-4-1)计算。

根据方案 3,把煤层抽采钻孔简化的二维物理模型如图 7-1-4 所示。

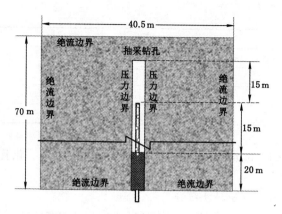

图 7-1-3　方案 2 模拟几何模型

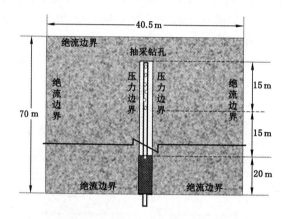

图 7-1-4　方案 3 模拟几何模型

7.1.1.4　方案 4:全程花管护孔

全程花管护孔,花管周围边界采用定压边界条件,花管边界处理方法与方案 3 一致。根据方案 4,把煤层抽采钻孔简化的二维物理模型如图 7-1-5 所示。

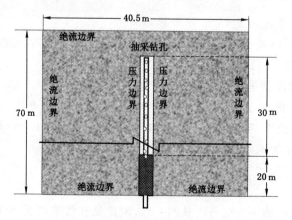

图 7-1-5　方案 4 模拟几何模型

7.1.2　模拟结果及分析

根据第 5 章钻孔瓦斯抽采气-固耦合模型及其算法,对 4 种方案顺层钻孔瓦斯抽采过程进行数值模拟,模拟研究得到 4 个方案抽采 30 d 后的钻孔周围瓦斯压力分布等值线图,如图 7-1-6 所示。

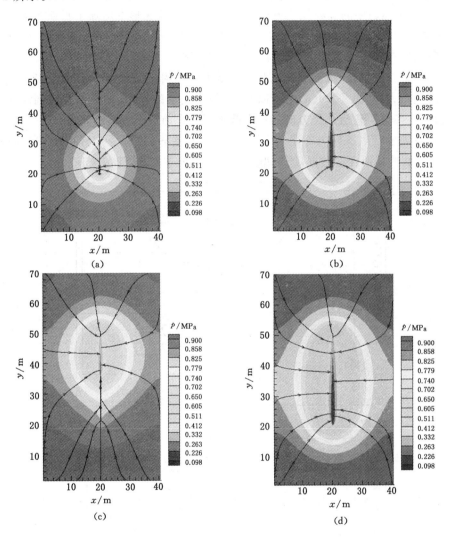

图 7-1-6　抽采 30 d 后钻孔周围瓦斯压力分布等值线图
(a) 方案 1;(b) 方案 2;(c) 方案 3;(d) 方案 4

从图 7-1-6 可知,在钻孔抽采的情况下,钻孔周围瓦斯压力分布不同,随着钻孔抽采瓦斯,钻孔附近压力逐渐降低,距离钻孔越远,瓦斯压力越接近原始瓦斯压力 0.92 MPa。

是否下花管及花管的位置均对钻孔抽采瓦斯效果有较大影响。

方案 1 无花管护孔时,由于地压的作用钻孔塌孔,使得钻孔气室被压实,导致钻孔气室内的压降更为明显,因此,钻孔周围的瓦斯压力等值线近似为水滴状,如图 7-1-6(a) 所示。

方案 2 封孔深度向里 15 m 花管护孔,则花管往里的 15 m 钻孔段也会因为地压作用使得钻孔气室被压实,虽然该段钻孔的渗透率远大于初始渗透率,使得钻孔周围的瓦斯先流至钻孔,然后再流至花管段,从图 7-1-6(b)中的瓦斯流线可以看出,无花管段的钻孔附近瓦斯压力下降得不够明显,压力等值线在花管段近似为椭球体形,但呈现"上尖下圆状"。

方案 3 全程护管,前 15 m 为实管,后 15 m 为花管,则由于实管壁面附近的渗透率更低,使得实管两侧的瓦斯先流至实管壁面附近,然后再沿着实管壁面附近渗透率低的区域流至花管,从图 7-1-6(c)中的瓦斯流线方向可以明显看出,这无形中增加了瓦斯渗流路径的长度,对瓦斯抽采也具有较大的影响,所以实管段两侧的瓦斯压力下降也不够明显,钻孔周围瓦斯压力等值线在花管段近似为椭球体,但呈现"上圆下尖状"。

方案 4 全程花管护孔,虽然因地压和沿程阻力的作用,导致钻孔内压力会随着钻孔深度的增加而逐渐增大,从图 7-1-6(d)中可以看出,但因花管的作用,使得钻孔周围的瓦斯压力等值线近似为椭球体形,沿孔深方向的抽采范围明显比前 3 个方案都要大。

为了更直观地看出不同方案的瓦斯含量分布的差异,我们分别提取了横向距离钻孔 3 m 和 5 m 剖面的瓦斯含量数据,绘制得到瓦斯含量分布曲线,如图 7-1-7 所示。

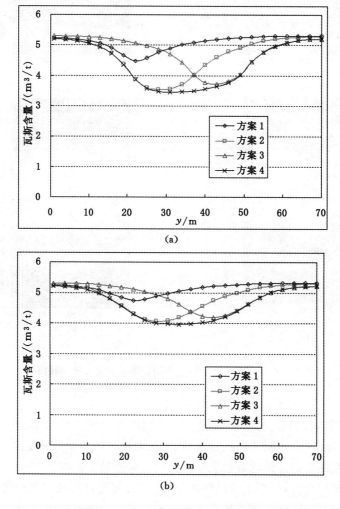

图 7-1-7　横向距钻孔不同距离剖面的瓦斯含量分布曲线

(a) 横向距钻孔 3 m 剖面;(b) 横向距钻孔 5 m 剖面

从图 7-1-7 中可以看出,同一方案下横向距钻孔不同距离的瓦斯含量不同,距钻孔越近,瓦斯含量越低。4 个方案在距钻孔相同距离剖面下的瓦斯含量曲线也明显不同,方案 1 的瓦斯含量始终明显高于其他方案,而方案 4 的瓦斯含量最低,而且处在低瓦斯含量区的范围也是最大的,由此说明方案 4 的抽采效果也是最佳的。

同样根据模拟结果,还得到钻孔周围的瓦斯含量分布,如图 7-1-8 所示。

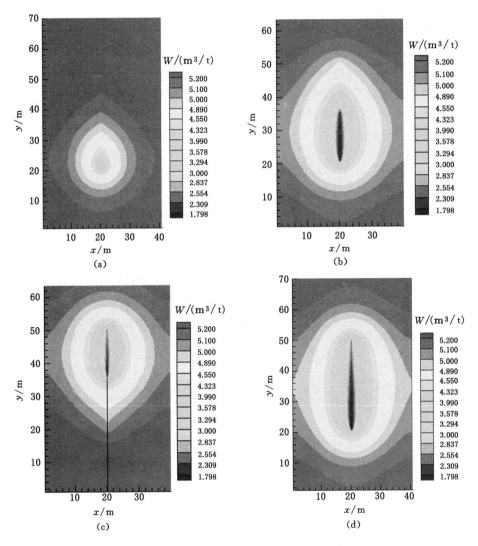

图 7-1-8 抽采 30 d 后瓦斯含量分布等值线图
(a) 方案 1;(b) 方案 2;(c) 方案 3;(d) 方案 4

根据图 7-1-8 可知,瓦斯含量分布云图与瓦斯压力分布云图(图 7-1-6)是一致的,这主要是因为瓦斯压力和含量之间满足朗缪尔方程。在钻孔抽采下,钻孔周围的瓦斯含量逐渐降低。与瓦斯压力分布类似,不同方案的瓦斯含量分布也具有明显区别,方案 1 的瓦斯含量等值线呈水滴状,方案 2、3、4 在钻孔附近的瓦斯含量下降明显比方案 1 更明显,方案 4 沿钻孔深度方向下降范围最大,由此也说明方案 4 的瓦斯抽采效果最佳。

7.2 顺层抽采钻孔护孔技术试验研究

7.1节数值模拟研究得到花管护孔对钻孔周围煤体瓦斯含量和压力分布有着很大的影响,为验证数值模拟结果的可靠性,进行顺层抽采钻孔护孔技术试验研究。

7.2.1 试验方案与结果

为获得不同抽采时间后,顺层钻孔周围煤体瓦斯被抽采情况,采用直接瓦斯含量法进行试验研究。试验时,选择合适地点,按图7-2-1所示有、无全程花管护孔测试布置图,先施工煤层顺层抽采钻孔,施工过程中分别记录不同孔深 L_i 处的煤体瓦斯含量,作为试验钻孔的原始煤层瓦斯含量。封孔抽采不同时间后,在钻孔两侧距离抽采钻孔 r_i 处,施工测试孔,记录测试孔不同孔深 L_i 位置的煤层瓦斯含量。对比不同位置,经历不同抽采时间后的煤层残余瓦斯含量,分析顺层钻孔抽采后的周围煤体瓦斯二维流场分布规律。

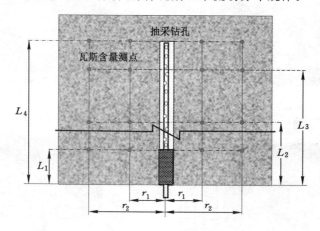

图 7-2-1　顺层钻孔测试布置图

试验地点选择在潘三煤矿 1662(1)工作面运输巷下帮、谢桥煤矿 13516 工作面轨道巷上帮和丁集煤矿 1232(1)工作面轨道巷上帮。

潘三煤矿测试结果如表 7-2-1 所列,根据顺层钻孔抽采瓦斯试验结果,钻孔抽采后,不同孔深处,距离抽采孔不同距离煤体抽采瓦斯后的瓦斯残余率(残余瓦斯含量相对原始瓦斯含量的比例)如表 7-2-2 所列。谢桥煤矿顺层钻孔抽采后瓦斯残余率如表 7-2-3 所列。丁集煤矿顺层钻孔测试结果如图 7-2-2 和图 7-2-3 所示。

7.2.2 试验结果分析

(1) 从测试结果看,顺层钻孔抽采瓦斯流场具有如下特征:

① 顺层钻孔抽采瓦斯后,在一定抽采时间内,随着距离钻孔越远,煤层瓦斯含量变化量越小。

② 顺层钻孔抽采后,钻孔两侧煤体瓦斯含量均出现下降,但并不完全对称,表明煤体内孔隙和透气性具有非均质性,导致煤体瓦斯解吸存在快慢。

③ 顺层钻孔有护孔花管时,钻孔周围煤体瓦斯下降幅度要大于无护孔花管的抽采钻孔。但是距离抽采钻孔同等距离位置处,无护孔花管对煤体瓦斯的下降作用,随着抽采时间

表 7-2-1 潘三煤矿顺层钻孔瓦斯流场分布

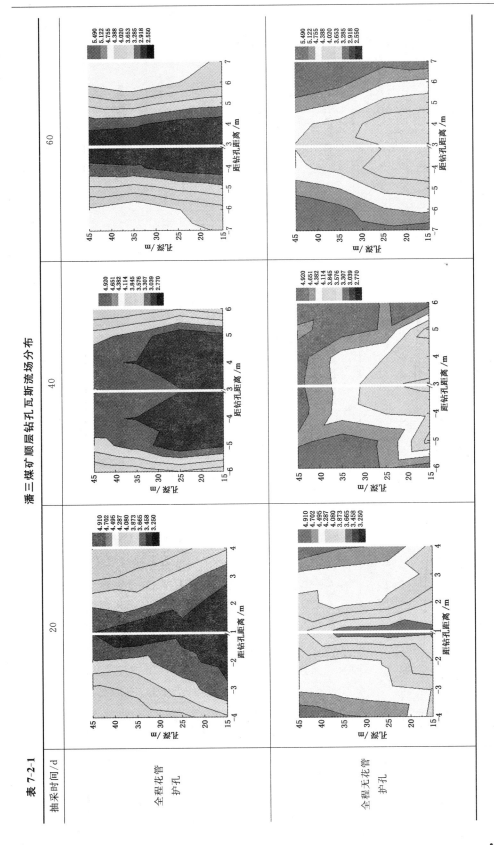

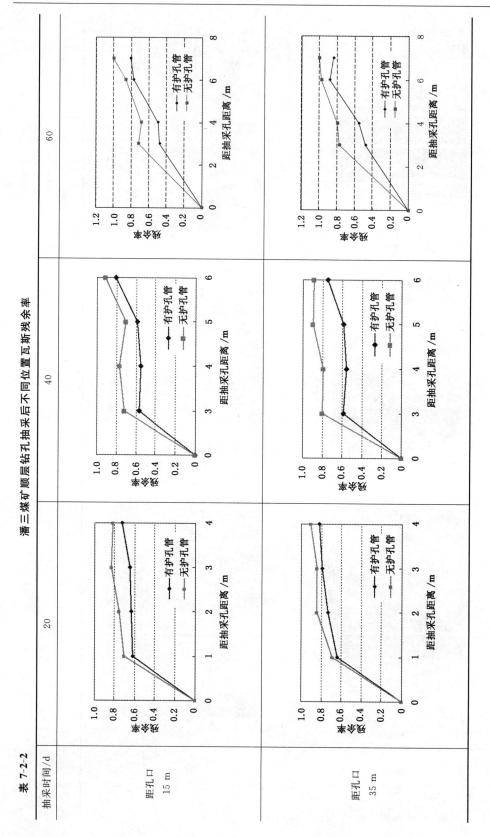

表 7-2-2　潘三煤矿顺层钻孔抽采后不同位置瓦斯残余率

表 7-2-3　　　　谢桥煤矿顺层钻孔抽采后不同位置瓦斯残余率

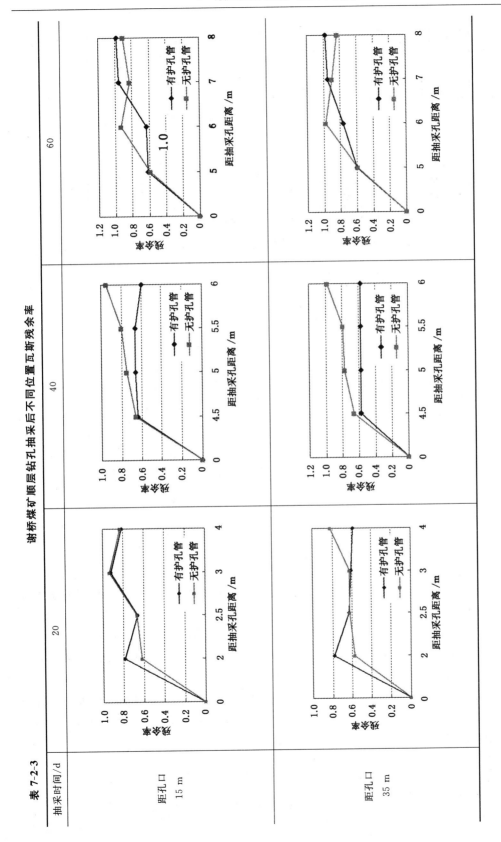

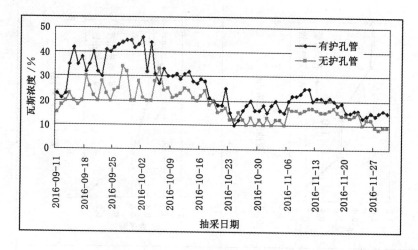

图 7-2-2　丁集矿顺层钻孔护孔抽采瓦斯浓度

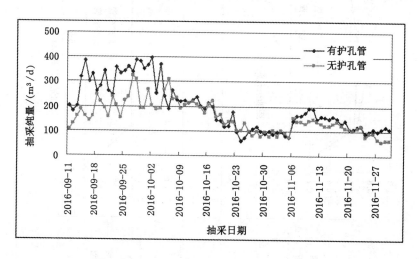

图 7-2-3　丁集矿顺层钻孔护孔抽采瓦斯纯量

的延长而降低,即无护孔花管时可通过延长钻孔抽采时间实现与有护孔花管相同的煤体瓦斯含量下降幅度。

④ 钻孔抽采对周围煤体瓦斯含量的下降影响区域是有限的。当经历一段抽采时间后,距离钻孔一定距离处的煤体瓦斯含量不再随抽采时间的延长而继续下降,此位置即为钻孔抽采瓦斯的极限位置,可以称之为钻孔抽采瓦斯影响半径。

(2) 从潘三煤矿、谢桥煤矿和丁集煤矿三个矿的试验结果看,无论是钻孔周围煤体残余瓦斯含量分布还是钻孔抽采出的瓦斯浓度和瓦斯纯量,顺层钻孔采用花管护孔技术,其抽采瓦斯效果要优于无护孔管的情况。

(3) 顺层钻孔花管护孔技术试验结果分析:

① 护孔花管支护钻孔,防止钻孔坍塌。

护孔管在软弱煤层中相当于固体骨架,可以支撑煤体,构造瓦斯流动通道。虽然花管的抗压强度低,但其在受力破坏后,不会受压完全闭合,如图 7-2-4 所示,而仍能存在缝隙,为瓦斯流动创造了运移路径。这种特征使得钻孔抽采瓦斯的作用更能持久和有效。

图 7-2-4　顺层钻孔护孔花管受压破坏情形

② 煤层的硬度不同,护孔管发挥的作用不同。

对比谢桥煤矿的顺层钻孔瓦斯流场测试结果与潘三煤矿、丁集煤矿的测试结果,可以看出花管护孔在软煤中发挥的作用更大。

三个试验矿井煤层中,潘三煤矿试验地点煤层坚固性系数 $f=0.79$,丁集煤矿试验地点 $f=0.75$,谢桥煤矿测试地点煤层较硬,$f=0.8$ 左右,由此可见谢桥煤矿煤层坚固性系数相比其他两个矿的煤体度要稍高。

③ 煤层埋深不同,花管护孔发挥作用不同。

试验地点潘三煤矿 1662(1)工作面运输巷煤层标高约－788 m,谢桥煤矿 13516 工作面轨道巷标高－466～－490 m,丁集煤矿 1232(1)工作面轨道巷标高－880 m。可以看出,三个试验矿煤层测试地点,谢桥煤矿煤层埋深最浅,煤体承压相对较小,顺层钻孔不易发生塌孔破坏,因而护孔花管的价值相对较低。

7.3　小　　结

通过数值模拟和试验研究顺层钻孔抽采瓦斯护孔技术,得到如下结论:

(1)顺层钻孔抽采瓦斯后,钻孔周围的瓦斯压力和瓦斯含量分布规律,在一定抽采时间内,距钻孔越远,煤层瓦斯含量变化量越小。钻孔两侧煤层瓦斯含量均出现下降,但并不完全对称,表明煤层内孔隙和透气性具有非均质性,导致煤层瓦斯解吸存在快慢。

(2)研究得到淮南矿区关键保护层顺层抽采钻孔全程护孔效果好,顺层钻孔有护孔花管时,钻孔周围煤体瓦斯下降幅度要大于无护孔花管的抽采钻孔。有花管护孔时,封孔段至孔底有效抽采瓦斯段,沿孔深方向煤体瓦斯近似同等幅度下降;而无花管护孔时,孔底位置瓦斯含量下降幅度要远远小于靠近封孔位置的抽采段。

(3)研究发现顺层钻孔护孔花管起到支护钻孔、防止钻孔坍塌的作用,护孔花管在软弱煤层中相当于固体骨架,可以支撑煤体,构造瓦斯流动通道,使得钻孔抽采瓦斯的作用更持久和有效。

(4)研究认为护孔花管在不同硬度和不同埋深的煤层中发挥的作用不同,当煤层坚固性系数小于 0.7 时,或埋深超过 700 m 时,建议顺层钻孔采用全程护孔花管。

主要参考文献

[1] LIU T, LIN B Q, YANG W, et al. Dynamic diffusion-based multifield coupling model for gas drainage[J]. Journal of Natural Gas Science and Engineering, 2017, 44:233-249.

[2] 白明锴. 穿层钻孔抽采分离式封孔工艺研究[J]. 煤炭工程, 2018, 50(4):62-65.

[3] 白鹏, 陈连军. 基于瓦斯含量的相对压力测定有效抽采半径研究[J]. 煤炭科技, 2018(1):33-35, 55.

[4] 蔡培培, 赵耀江, 郭金岩. 基于COMSOL Multiphysics的超长钻孔瓦斯抽采数值模拟研究[J]. 煤矿安全, 2017, 48(8):132-135.

[5] 曹佐勇, 王恩元, 田世祥, 等. 石门揭煤多方位立体式预抽瓦斯区域防突技术研究[J]. 煤炭科学技术, 2018, 46(1):219-223.

[6] 常海祥, 张向磊. 突出矿井顶层综采工作面采空区瓦斯分源抽采综合技术研究[J]. 能源与环保, 2018, 40(1):36-41, 46.

[7] 陈辉, 牛建春, 李志磊, 等. SF_6示踪法结合数值模拟确定钻孔抽采有效半径的研究[J]. 矿业安全与环保, 2016, 43(4):14-18.

[8] 陈绍祥, 邓川, 黄长国. 瓦斯抽采钻孔封孔工艺优化研究[J]. 煤炭技术, 2016, 35(5):227-229.

[9] 陈学习, 张亮, 陈鹏, 等. 顺层钻孔抽采瓦斯有效半径数值模拟与实测研究[J]. 华北科技学院学报, 2016, 13(4):1-5.

[10] 陈勇. 不同封孔工艺对穿层钻孔瓦斯抽采效果影响的试验研究[J]. 煤炭工程, 2017, 49(11):99-101.

[11] 程欢, 李晓伟. 顺层瓦斯抽采钻孔封孔长度研究[J]. 煤炭科学技术, 2017, 45(9):128-132, 156.

[12] 程远平, 董骏, 李伟, 等. 负压对瓦斯抽采的作用机制及在瓦斯资源化利用中的应用[J]. 煤炭学报, 2017, 42(6):1466-1474.

[13] 丁晋升. 瓦斯抽采钻孔合理布置方式研究[J]. 煤矿现代化, 2018(2):42-44, 47.

[14] 樊正兴. 相邻工作面采动影响下瓦斯预抽钻孔封孔技术研究[J]. 煤炭科学技术, 2017, 45(12):114-120.

[15] 范超军, 李胜, 兰天伟, 等. 煤层渗透率各向异性对钻孔瓦斯抽采的影响[J]. 中国安全科学学报, 2017, 27(11):132-137.

[16] 范超军, 李胜, 罗明坤, 等. 基于流-固-热耦合的深部煤层气抽采数值模拟[J]. 煤炭学报, 2016, 41(12):3076-3085.

[17] 付小鹏, 崔子圣, 侯灿. 一体式囊袋全程注浆封孔工艺应用研究[J]. 煤, 2017, 26(8):40-42.

[18] 高振勇.二次注浆封孔技术对提高瓦斯抽采效率的应用研究[J].煤炭技术,2017,36(10):141-143.

[19] 国家安全生产监督管理总局,国家煤矿安全监察局.防治煤与瓦斯突出规定[M].北京:煤炭工业出版社,2009.

[20] 国家安全生产监督管理总局,国家煤矿安全监察局.煤矿安全规程[M].北京:煤炭工业出版社,2016.

[21] 国家安全生产监督管理总局.煤矿瓦斯抽采基本指标:AQ 1026－2006[S].北京:煤炭工业出版社,2006.

[22] 国家安全生产监督管理总局.煤矿瓦斯抽放规范:AQ 1027－2006[S].北京:煤炭工业出版社,2006.

[23] 郝富昌,刘彦伟,龙威成,等.蠕变-渗流耦合作用下不同埋深有效抽采半径研究[J].煤炭学报,2017,42(10):2616-2622.

[24] 何明川,王正帅,陈雪明.艾维尔沟矿区突出煤层瓦斯流动规律数值模拟[J].煤炭技术,2015,34(9):171-174.

[25] 何宇雄.瓦斯抽采顺层钻孔封孔新工艺研究[J].煤炭技术,2015,34(8):148-150.

[26] 胡斌.分段注浆封孔技术在瓦斯抽采中的应用[J].山西焦煤科技,2017(6):40-42,50.

[27] 胡祖祥,谢广祥.煤层瓦斯压力受控于采动应力的"异步-同步"特征研究[J].采矿与安全工程学报,2015,32(6):1037-1042.

[28] 黄德,刘剑,李雪冰,等.底抽巷瓦斯抽采钻孔布置数学模型及应用[J].辽宁工程技术大学学报(自然科学版),2017,36(12):1233-1239.

[29] 蒋广龙,王峰.基于 ANSYS 模拟的煤层瓦斯抽采影响因素分析[J].内蒙古煤炭经济,2017(15):111-112.

[30] 蒋泽照.土城矿顺层抽采钻孔合理封孔深度研究[J].矿业安全与环保,2018,45(1):39-42.

[31] 金晓锋.本煤层抽采钻孔封孔技术研究[J].机械管理开发,2017(6):76-77.

[32] 匡铁军.深部低渗透率煤层瓦斯抽采气固耦合机理研究[J].煤炭科学技术,2017,45(8):170-176.

[33] 兰安畅,邹云龙,徐雪战,等.松软煤体钻孔坍塌控制技术研究[J].煤炭技术,2017,36(10):173-174.

[34] 李辉,郭绍帅,苏勋.分体式囊袋注浆封孔器的研制与应用[J].中国安全科学学报,2018,28(1):112-117.

[35] 李清川,王汉鹏,李术才,等.可视化恒容气固耦合试验系统的研发与应用[J].中国矿业大学学报,2018,47(1):104-112.

[36] 李淑敏.抽采负压对本煤层瓦斯抽采效果的影响规律研究[J].能源技术与管理,2017,42(3):30-31,36.

[37] 李涛.囊袋式封孔法在瓦斯抽采封孔中的应用[J].山东煤炭科技,2017(10):86-87,91.

[38] 李祥春,郭勇义,吴世跃,等.考虑吸附膨胀应力影响的煤层瓦斯流-固耦合渗流数学模型及数值模拟[J].岩石力学与工程学报,2007,26(S1):2743-2748.

[39] 李晓龙,张红强,姜在炳.基于 CBM-SIM 的梨树煤矿瓦斯地面抽采数值模拟[J].煤田

地质与勘探,2018,46(1):41-45.

[40] 李兴龙,崔学锋.松软构造煤负压抽采下瓦斯渗流特性实验研究[J].煤矿安全,2017,48(4):32-35.

[41] 梁冰,李野.不同掘进工艺煤与瓦斯流固耦合数值模拟研究[J].防灾减灾工程学报,2011,31(2):180-184,195.

[42] 梁冰,袁欣鹏,孙维吉.本煤层顺层瓦斯抽采渗流耦合模型及应用[J].中国矿业大学学报,2014,43(2):208-213.

[43] 林柏泉,刘厅,杨威.基于动态扩散的煤层多场耦合模型建立及应用[J].中国矿业大学学报,2018,47(1):32-39,112.

[44] 刘洪永.远程采动煤岩体变形与卸压瓦斯流动气固耦合动力学模型及其应用研究[J].煤炭学报,2011,36(7):1243-1244.

[45] 刘佳佳,王丹,王亮,等.考虑 Klinkenberg 效应的瓦斯抽采流固耦合模型及其应用[J].中国安全科学学报,2016,26(12):92-97.

[46] 刘佳佳,杨明,魏春荣.高抽巷抽采负压优化的数值模拟[J].煤矿安全,2018,49(2):35-38,42.

[47] 刘建元,刘军,陈攀.孔口负压对抽采效果的影响规律研究[J].煤炭技术,2016,35(10):160-162.

[48] 刘军,单文娟,刘冠鹏.穿层钻孔与顺层钻孔抽采半径的差异性分析[J].煤炭技术,2016,35(8):148-150.

[49] 刘清泉,程远平,李伟,等.深部低透气性首采层煤与瓦斯气固耦合模型[J].岩石力学与工程学报,2015,34(S1):2749-2758.

[50] 刘泉霖,王恩元,李忠辉,等.夹矸对煤层瓦斯抽采影响的数值模拟研究[J].工矿自动化,2018,44(2):55-62.

[51] 卢义玉,贾亚杰,葛兆龙,等.割缝后煤层瓦斯的流-固耦合模型及应用[J].中国矿业大学学报,2014,43(1):23-29.

[52] 吕万军.封孔材料和封孔长度对抽采效果的影响研究[J].内蒙古煤炭经济,2017(10):124-126.

[53] 吕有厂,朱传杰.不同倾角底板穿层钻孔瓦斯抽采流量衰减规律研究[J].煤炭科学技术,2017,45(7):74-79.

[54] 罗伙根,李振兴.保德煤矿顺层瓦斯抽采钻孔封孔工艺研究[J/OL].煤炭工程,2017(S2):88-90[2018-04-24].http://kns.cnki.net/kcms/detail/11.4658.TD.20170828.0736.048.html.

[55] 马强.顺层钻孔"三堵一注"封孔工艺的研究及应用[J].煤矿安全,2017,48(7):74-77.

[56] 马忠,石必明,穆朝民,等.考虑流固耦合的立井揭煤瓦斯抽采模拟研究[J].煤矿开采,2013,18(5):109-111.

[57] 倪亚军,张宗良.基于钻孔抽采的煤岩体渗透率变化特性研究[J].煤,2017,26(11):77-79.

[58] 秦坤,彭小亚,李波.采空区导气裂隙带瓦斯渗流规律研究[J].煤矿安全,2015,46(9):13-15,19.

[59] 任青山,艾德春,郭明涛.复合膨胀材料研发及其在瓦斯抽采中应用的试验研究[J].中国安全科学学报,2017,27(12):86-90.

[60] 任仲久.基于 FLUENT 的瓦斯抽采半径规律研究[J].能源与环保,2018,40(2):34-37,42.

[61] 舒才,王宏图,任梅青,等.基于瓦斯抽采量的有效抽采半径数学模型及工程验证[J].采矿与安全工程学报,2017,34(5):1021-1026.

[62] 司鹄,郭涛,李晓红.钻孔抽放瓦斯流固耦合分析及数值模拟[J].重庆大学学报,2011,34(11):105-110.

[63] 宋建军.瓦斯抽采钻孔负压沿孔长动态变化特性研究[J].煤炭技术,2016,35(10):212-214.

[64] 宋爽,秦波涛,刘杰,等.两向加卸载含瓦斯煤变形破裂数值模拟研究[J].煤矿安全,2017,48(12):28-32.

[65] 苏勋,孙远方.主动注气法确定瓦斯抽采钻孔合理封孔深度[J].内蒙古煤炭经济,2018(1):123-125.

[66] 孙博.新型封孔技术在瓦斯抽放钻孔中的应用[J].山东煤炭科技,2018(1):92-93,96.

[67] 汪有刚,刘建军,杨景贺,等.煤层瓦斯流固耦合渗流的数值模拟[J].煤炭学报,2001,26(3):285-289.

[68] 王继仁,张英,黄戈,等.采空区不同瓦斯抽采方法与自燃合理平衡的数值模拟[J].中国安全生产科学技术,2015,11(8):26-32.

[69] 王凯,熊建龙,张华清.顺层钻孔抽采半径确定及数值模拟[J].煤炭技术,2016,35(12):244-247.

[70] 王胜利,赵萌,秦汝祥.瓦斯抽采钻孔封孔效果考察及影响因素分析[J].能源与环保,2017,39(8):92-95.

[71] 王世超,刘永茜.预制粉料充填封孔方法研究及应用[J].煤炭科学技术,2017,45(8):238-242.

[72] 王晓峰.钻孔瓦斯有效抽采半径预测方法探讨[J].煤炭工程,2017,49(2):97-99.

[73] 王志明,孙玉宁,王永龙,等.瓦斯抽采钻孔动态漏气圈特性及漏气处置研究[J].中国安全生产科学技术,2016,12(5):139-145.

[74] 魏风清,程沛栋,张钧祥,等.煤层钻孔有效抽采半径数值模拟研究[J].工矿自动化,2016,42(7):25-29.

[75] 吴世跃.煤层中的耦合运动理论及其应用——具有吸附作用的气固耦合运动理论[M].北京:科学出版社,2009.

[76] 伍诺坦,罗文柯,张慧,等.采煤工作面长钻孔瓦斯抽采效果数值模拟[J].河北工程大学学报(自然科学版),2016,33(2):94-98.

[77] 席在忠.钻隔封封孔技术在提高瓦斯安全抽采效率中的应用研究[J].煤炭工程,2018,50(2):63-65,69.

[78] 肖峻峰,樊世星,卢平,等.近距离高瓦斯煤层群倾向高抽巷抽采卸压瓦斯布置优化[J].采矿与安全工程学报,2016,33(3):564-570.

[79] 熊祖强,孙亚鹏,熊志朋,等.新型无机瓦斯抽采钻孔封孔材料及应用研究[J].煤炭技

术,2017,36(6):124-126.

[80] 徐吉钊,翟成,李全贵,等.过含水层钻孔定点承压封孔技术[J].煤矿安全,2015,46(5):87-90.

[81] 徐青伟,王兆丰,徐书荣,等.多煤层穿层钻孔瓦斯抽采有效抽采半径测定[J].煤炭科学技术,2015,43(7):83-88.

[82] 徐遵玉.穿层钻孔预抽煤层瓦斯有效半径考察方法研究[J].煤炭工程,2018,50(2):19-22.

[83] 杨翠婷.突出煤层"两堵一注"高水材料瓦斯封孔技术研究及应用[J].能源技术与管理,2017,42(3):41-43,149.

[84] 杨宏民,邢述团,陈立伟,等.本煤层抽采非等间距布孔及抽采效果评价方法研究[J].煤矿安全,2018,49(2):147-150.

[85] 杨剑锐.不同布孔方式下的抽采影响半径对比分析[J].煤炭与化工,2017,40(12):138-142.

[86] 杨天鸿,陈仕阔,朱万成,等.煤层瓦斯卸压抽放动态过程的气-固耦合模型研究[J].岩土力学,2010,31(7):2247-2252.

[87] 杨新乐,张永利.气固耦合作用下温度对煤瓦斯渗透率影响规律的实验研究[J].地质力学学报,2008,14(4):374-380.

[88] 尹光志,蒋长宝,许江,等.含瓦斯煤热流固耦合渗流实验研究[J].煤炭学报,2011,36(9):1495-1500.

[89] 岳高伟,王宾宾,曹汉生,等.结构异性煤层顺层钻孔方位对有效抽采半径的影响[J].煤炭学报,2017,42(S1):138-147.

[90] 张蓓.含水煤层瓦斯抽采的气-液-固耦合数值模拟[J].煤矿安全,2017,48(5):180-183.

[91] 张凤杰.不同煤质中化学封孔材料对抽采钻孔围岩稳定性影响分析[J].煤炭技术,2017,36(8):176-179.

[92] 张钧祥,李波,韦纯福,等.基于扩散-渗流机理瓦斯抽采三维模拟研究[J].地下空间与工程学报,2018,14(1):109-116.

[93] 张权,王晨辉,王登科,等.基于 COMSOL 的钻孔有效抽采半径影响因素探究[J].煤炭技术,2017,36(12):173-175.

[94] 张伟,许开立,雷云.煤层巷道预排瓦斯带的流固耦合效应数值模拟[J].东北大学学报(自然科学版),2017,38(11):1628-1632,1642.

[95] 张伟龙.瓦斯抽采钻孔胶囊贴封孔器的研究与应用[J].陕西煤炭,2017,36(4):107-109,126.

[96] 张翔,辛程鹏,杜锋.不同冲煤量对有效抽采半径的影响规律研究[J].中国安全生产科学技术,2017,13(9):115-120.

[97] 张晓虎.顺层钻孔压降法确定瓦斯抽采半径实践与应用[J].山西焦煤科技,2015(9):41-44.

[98] 张仰强,刘志伟,隆清明,等.基于深孔定点取样技术的顺层钻孔瓦斯抽采半径考察[J].现代矿业,2017(12):209-212,215.

[99] 赵泽晨,陈南.基于瓦斯含量的顺层孔抽采半径测定[J].煤炭技术,2018,37(1):

181-183.

[100] 郑凯歌.煤矿井下瓦斯抽采钻孔封孔技术研究[J].中国煤炭,2017,43(10):109-114.

[101] 中国煤炭工业协会.煤层瓦斯含量井下直接测定方法:GB/T 23250—2009[S].北京:中国标准出版社,2009.

[102] 周福宝,夏同强,刘应科,等.二次封孔粉料颗粒输运特性的气固耦合模型研究[J].煤炭学报,2011,36(6):953-958.

[103] 周建伟,叶川,张宏超.松软破碎煤体顺层钻孔封孔工艺探讨[J].煤,2016,25(11):47-50.

[104] 周西华,周丽君,范超军,等.低透煤层水力压裂促进瓦斯抽采模拟与试验研究[J].中国安全科学学报,2017,27(10):81-86.

[105] 朱南南,张浪,范喜生,等.基于瓦斯径向渗流方程的有效抽采半径求解方法研究[J].煤炭科学技术,2017,45(10):105-110.